一个心智的历史

意识的起源和演化

启真馆 出品

启真·科学

一个心智的历史

意识的起源和演化

A History of the Mind

Evolution and the Birth of Consciousness

[英] 尼古拉斯·汉弗莱 著

李恒威 张 静 译

ZHEJIANG UNIVERSITY PRESS
浙江大学出版社

目录

献给艾拉（AYLA）

致谢 15

我要感谢很多人的帮助，尤其是彼得·彼瑞（Peter Bieri）、罗伯特·范古力克（Robert van Gulick）、尼古拉斯·格雷汉克（Nicolas Grahek）、雷·杰肯道夫（Ray Jackendoff）、马歇·金斯堡（Marcel Kinsbourne）、艾拉·科恩（Ayla Kohn）、安东尼·马塞尔（Anthony Marcel）、杰·罗森伯格（Jay Rosenberg）、大卫·罗森塔尔（David Rosenthal）和埃卡尔特·舍雷尔（Eckart Scheerer）。

但有一个人我亏欠他实在太多，所以我要单独提到他的名字——丹尼尔·丹尼特（Daniel Dennett）。他是那种可遇而不可求的同事——一个主顾、老师、批评者、共同的冒险者和朋友。他鼓励我着手写作此书，给予我完成这项工作的基础，消除我的疑惑，引发其他思想，总是给我提出细致的批评意见。鉴于丹尼特自己在我所涉及的一系列问题上广为人知的立场以及他与我在这些问题上的部分分歧，他可能有时会认为，他把一个布谷鸟引到他的巢里。所以，我要更加感谢他。

在写作的过程中，我在塔夫茨大学（Tufts University）哲学系的认知研究中心（Center for Cognitive Studies）做访问学者，并随后成为比勒费尔德大学（University of Bielefeld）的交叉学科研究中心（Center for Inter Disciplinary Research, ZiF）的“心智和脑研究组”（Mind and Brain Group）的一员。当英国使我们所有人都成为学术吉普赛人的时候，我尤其感激这些外国大学给我安排的食宿。对那些额外的资金和物质帮助，我也要感谢卡普尔基金会（Kapor Foundation）（赞助我在塔夫茨大学做访问学者）、亚力克·霍斯礼（Alec Horsley），以及我的出版社和编辑珍妮·奥格罗（Jenny Uglow）。

自述 17

这个不定冠词并不是没有它的用处。既然称这本书为《心智的历史》（*The History of Mind*）是错误的，那么我就能心安地称它为《一个心智的历史》（*A History*）。它是一个构成人类心智之事物部分的历史：一个感官意识如何诞生以及它正在那里做了什么的演化史。但是演化史是历史的最大部分，而感官意识则是心智的最好部分。

在过去几年，发表了没有几本——或许过多的——谈论心智、意识和演化的书籍（有两本是我写的）。而随着书架上可增加的书越来越少以及嗜好消退，我应该解释这本书有什么不同。

它的不同在于，与大多数（同类书）相比这本书更老式。这本书很少谈及计算机、人工智能或心理学中所谓的认知革命。也几乎没有谈到近来神经科学的发展。它没有提到量子理论、分形学或形态学的领域。它也没有用到生物社会学。事实上，在很多方面，这是一部可以在一百年前就完成的书。可是它没有。它仍然处在理论的最前沿：但是这个前沿的大部分仍然能用一个光秃的铁锹来做。

它的不同在于，与大多数（同类书）相比这本书更雄心勃勃。它开始不仅要定义意识问题而且要解决它。在几十年不合时宜的乐观和随后的失望之后，许多科学家和哲学家依然把他们的首要任务看作是确定下

18 一座山上有彩虹触击的山谷。但是，现在到了我们真正掘金的时候了。

它的不同在于有关这个真实事物。在《重获意识》[1]（*Consciousness Regained*）和《内在之眼》[2]（*The Inner Eye*）中我试图解释对感受的"有意识洞见"的本性，但在这里我回归到感受本身的本性。的确，在这里我完全忽略了我早先的立场，反而聚焦于作为原生感觉的意识。当一个朋友问 J. M. 凯恩斯（J. M. Keynes）为什么他这么乐于拒绝或推翻他之前的观点时，他回答道："当我意识到自己的错误时，你期待我还能做什么呢？" 就我自己来说，我认为，在我早期的工作中，与其说是我错了，不如说是我考虑的层次太高而让根本的问题未被解决。

而其他的一些研究意识的作者，正如我之前所做的那样，倾向于关注二阶心智能力——"关于感受的思想"、"关于思想的思想"。这种偏爱可以很容易得到解释。高水平技能，涉及抽象推理、语言、自我认同、社会智力等等，都是人类成熟的标志，而原生感受出现在畜生和婴儿中。前者比后者给我们印象更深刻也让我们更惊奇，它们似乎要求更多演化的和个体的工作，它们是成年人心智的前提——并且对理论家有吸引力。例如，当威廉·卡尔文（William Calvin）（在其近期另一本论意识的书中）写道："我的确是在沉思过去、预测未来、规划明天要做什么、为悲剧的发展感到悲痛以及叙述我们生活故事的意义上来指称意识的。"[3] 或者当罗杰·彭罗斯（Roger Penrose）（在另一本著作中）写道，"正是在合适的环境中从错误中预知或直觉地认识真理的能力（即形成富有灵感的判断的能力）构成了意识的标志"[4] 时，我理解他们为什么热衷于解释人类这些非凡的技能，并且也希望他们能够有所收获。但是，最先的事情先来。我们最先的生命故事是一个有感知能力的（sentient）生命的故事，否则就没有故事可言。而这本书就是关于这个最先故事的。

我以发现之旅的形式写这本书（它复录了我的思想已经走过的路）。这个推理路线，尽管不是随意的，但却是侥幸所得，正如在需要出现的那样，它在此用到生物学证据，在彼用到逻辑论证，以及在其他证据都不够用的时候用到了纯粹思辨。

尽管没有任何一个理论的作者会将自己隐藏在“过程比结果更重要”这句谚语之后，但我确信没有过程的结果毫无意义。在《银河系漫游指南》(*The Hitchhiker's Guide to the Galaxy* [5]) 中，“生命、宇宙和 19
一切”这个谜的答案是“42”。或许是。但是，如果这里没有对这个答案如何或为什么恰巧是“42”的解释，那么谁又会在乎呢？作为一个赤裸的事实，仅仅单独这个答案“42”是极其无聊的。

对意识问题的解答可能会是无聊的吗？尽管我自己在说它，但我怀疑，如果它作为一个赤裸的事实出现，是，它可能会是无聊的（也许甚至应该是无聊的）。但是当这个解答以演化的语境为背景时，一切都发生了改变。

如果我不是极力哄骗自己，那么我已经不仅摆脱了时间和空间的想法……而且我相信，我要做更多——即，我将能够演化出所有这五个感官，也就是，从一种感官中推断出它们，并且阐述它们的成长以及它们差别的原因——并在这个演化中解决生命和意识的过程。

塞缪尔·柯勒律治（Samuel Coleridge），

《致托马斯 · 普尔（Thomas Poole）的一封信》，1801[6]

1 心智与身体 23

任何本质上有趣的事物都发生在分界之处：地球表面、细胞薄膜、灾难瞬间、生命始末。而一本书的开头和结尾是最难书写的部分。

在12月25日，我父亲去世的周年纪念日那天，我开始写这本书。或许在第一个孩子出生时，我会完成这本书。

父亲去世后，我从美国飞回英国，在第二天抵达家中。在我们邻近剑桥的农舍里，他躺在自己的床上，永远睡去了。入殓师赶来让我告诉他尸体在哪里。他说当他和助手把“它”搬下楼时，家属最好呆在别的房间里。于我而言，“它”这个词，古怪地起到了缓解悲痛的作用。我的父亲不再存在了。

在过去70年里，我父亲一直是一个觉知（awareness）的容器，一个有意识的人性的气泡，它保持在无生命物质的黑暗泡沫中。对那段有限的时期而言，他于自己一直是主体，而于他人一直是客体。他的意识是自我包含的（self-contained）。他心智内部的东西始终外在于我们的心智。他曾是那些观念的中心。他曾享受过现在时态的原生感觉（raw sensation）。他知道作为一个人是什么样的。但最后，这个金碗破碎了，这个气泡破灭了。从那时起，内部/外部的区别消失了；或者更确切地说，没有什么内在的东西存留下了。

在他的葬礼上我们朗诵了约翰·班扬（John Bunyan）的《天路历

24 程》(*Pilgrim's Progress*)中的一段话："当他的归期来临，众人陪他行至河边，在他双足迈入河中之时，他问道：'死亡啊，你的毒针在哪里？'当他沉向河水深处，他问道：'坟墓啊，你的胜利在哪里？'他如此逝去，彼岸所有号角都为他而鸣。"[7]

在那一时刻我又想到了威廉·德拉蒙德（William Drummond）的《柏树林》(*Cypresse Grove*)："如果两个旅人（他们曾一起结伴而行了好几英里）在他们接近离别的时刻会感到内心忧伤，那么在两个如此挚爱的友人和从未厌弃的爱人（正如身体与灵魂那样）的分离时刻，这种悲痛会怎样呢？"[8]

曾经有过（甚至在这个世纪也有过）一些严肃的尝试，它们试图通过科学测量来观察"灵魂飞行"。邓肯·麦克道格尔（Duncan MacDougall）博士在《美国心理学会期刊》(*Journal of the American Society for Psychical Research*) 1907 年分册中写道，他曾把临终的患者安置在一张位于一台仔细校准过的天平之上的轻质床上。他报告说，六名不同的患者在死亡的那一刻体重突然减轻了八分之三到二分之一盎司不等。当他用濒临死亡的狗进行相同的实验时，却没有发现有体重减轻的现象。[9]

麦克道格尔得到的实验结果没有再被重复验证过。当一个人死亡时，几乎不需要得到或失去一个原子，仅仅是组成人体的原子被重新排列了；而在新的排列中，这些原子不再构成一个人。

两周前在哈莱姆（Harlem）的一次教堂礼拜中，我听了一位黑人牧师就"接受我们所有的"做的一次布道。他说，这个问题是"你是，或者不是"，哈姆雷特（Hamlet）换了种说法："生，还是死"，这是一个没有中间答案的问题。这就像某些东西，要么是自己，要么不是。一个人要么是，要么不是。这个"是"的含义正是本书的主题。

我要油炸一条大鱼。但我将用这本书的前一半的篇幅来捕捉这条鱼；而在我抓到它之前，我不会对它的大小或重量做什么宏大的宣示。然而，我能够立刻告诉你它的形态。它有一个“心—身问题”的形态。

心—身问题就是解释意识状态如何在人脑中产生的问题。更具体一点来说（我在适当的时间必须说得更具体），这是一个解释主观感受如何在人脑中产生的问题。

我必须使用的词汇或许并不能很好地表达我的意思。“主观感受”已然是一个过于模糊的术语。然而，它却是常用的术语——甚至是在哲 25
学家们相对技术性的讨论中——被用于理解从内部体验意识像是什么样的感觉。主观感受的例子就是：被感觉到的玫瑰的红、顺着脊柱的颤抖感、洛克福特干酪（Roquefort cheese）的味道。

我们每个人都在自己意识的“私密”中体验这样的感受，或者看上去似乎如此。它们的“品质”（quality）对我们而言是显而易见的，尽管它不是我们能够轻易地与他人交流的东西；而且因为品质是如此重要，事实上它内在于感受，哲学家们有时简单地把主观感受称为“感受质”（qualia）。没有人怀疑主观感受也有量的方面：例如，我或许能够告诉你一种红色感觉要比另一种红色感觉强烈*两倍*。但我无法告诉你（也许你还不知道）红的品质在哪里。

现在问题来了，正如它从人类生活的三个明显事实中浮现出来的那样：

事实 1 是，例如当我咬到自己的舌头，我体验到疼痛的主观感受（为了提醒自己这意味着什么，我现就咬一下）。这个体验只对我存在；而如果要让我明确地告诉你它像什么，我只能以最含糊和最隐喻的方式来描述。我所感受到的疼痛有一个相关的时间（当下）、一个相关的地点（我的舌头）、一个强度（轻微的）和一个情感基调（不愉快的），但在其他大多数方面，它似乎超出了物理描述的范围。事实上，我会说，我的疼痛并不是这个客观世界（即物理的物质世界）的一部分。简言之，它几乎不能算是一个物理事件。

事实 2 是，在我咬到舌头的同时，一系列与此相关的过程在我的脑中发生。这些过程由神经细胞的活动构成。原则上（尽管实践中不一定必然），一位独立的科学家能深入我的脑内部观察到这些过程；如果他想要明确地告诉另一位科学家我那基于脑的疼痛由什么构成，那么他会发现物理学和化学的客观语言对他的目的而言完全足够了。对他来说，我那种基于脑的疼痛似乎只是属于这个客观物质世界。简言之，它仅仅是一个物理事件。

事实 3 是，正如我们目前所知的，事实 1 完全基于事实 2。换言之，主观感受是由脑加工引起的（不论“由之引起”究竟意味着什么）。

26 问题在于解释这种非物质的心智对物理脑的依赖性是如何、为什么以及出于什么目的产生的。

几个世纪以来这个问题使哲学家们充满挫败、绝望和几近惶恐。350 年前勒内·笛卡尔（René Descartes）这样表达他的无助感：“我陷入了如此严重的怀疑之中……我既不能把它们从我的思想中驱逐出去，又找不到任何解决它们的方法。就像是我意外地卷入一个深深的漩涡，到处翻滚，使我既不能站立水底又不能浮出水面。”[10]

笛卡尔的解决方式是否认事实 3 的明显蕴意而选择二元论的假说。二元论断言宇宙包含两种截然不同的质料，（由主观感受组成的）心智质料和（由脑组成的）物理质料，且这二者彼此是半独立存在的。因此，原则上可以存在无脑的心智，以及无心智的脑。如果这两种完全不同的实体相遇并交互作用——当然正如笛卡尔承认它们的确会这样——这就涉及一个跨越形而上学分野的握手。

二元论的麻烦在于它解释得既过多又过少，很少有哲学家对它感到满意。近来他们信奉各种形式的一元论。一元论主张实际上仅存在一种质料，心智和脑最终都由它构成。在它最极端的形式（即物理主义）中，它声称特定的主观感受实际上等同于特定的物理脑过程（其方式就如同闪电等同于大气中的放电）。

也几乎没有人对这种解释感到满意。这意味着，从一开始，只有像我们这样的（拥有碳基脑的）碳基生命体才能够拥有像我们一样的有意识感受。一直以来哲学家们并不愿意预先拒绝其他拥有不同构造的脑的生命形式拥有意识。退一步说，如下的假定似乎有些沙文主义：如果在一个遥远的星球上演化出类人生物，它们使用不同的元素作为建设材料，但这些个体根本没有我们所拥有的任何主观感受——无论它们表现得多么聪明和灵敏。确实它们可能没有主观感受，但这个事实并不是自明的。

无论如何，即使主观感受实际上等同于物理状态，这一事实依然急 27
需解释。如果我们仅仅打算承认这个同一性，我们将无法消除它为何会如此的神秘感。闪电的类比也无济于事。因为闪电的例子实际没有什么神秘可言：任何有能力的物理学家都能够预言在大气中的一次放电在适当的条件下产生闪光和巨响。相比之下，甚至没有人能够着手预言脑的电波活动能够产生品尝奶酪的主观感觉。

1759 年塞缪尔·约翰逊（Samuel Johnson）在《拉塞勒斯》（*Rasselas*）中写道：“物质间只有形式、体积、密度、运动和运动方向上的差异，而这些无论是如何变化或组合，意识能够被附加于其上吗？圆或方，固态或液态，大或小，移动得慢或快，不管怎样都是物质存在的模式，所有这些都一样是不同于思考（cogitation）的本性。”[11] 而对于很多当代评论者来说，相同的忧虑依然存在。英国哲学家科林·麦金（Colin McGinn）最近写道：“我们感到，物质脑之水以某种方式转化为意识之酒，然而对这种转变的本性我们却一无所知。神经传递似乎不是将意识带到这个世界的恰当种类的物质……心一身问题就是有关理解这个奇迹是如何发生的问题。”[12]

麦金的不幸结论是：这问题可能是不可解的——要么确实没有解决方案，要么就算有，也因为人类智力的局限而始终无法理解它。

有些种类的问题原则上是不可解的。例如，人们没有办法解决怎样把一夸脱的酒装进一品脱的瓶中的问题，或者将左手套进右手手套的问题，又或者（正巧）把水变成酒的问题。如果心—身问题正是这类问题，那么追逐它就没有太大的意义了。

但在我们做任何这样的类比之前，应该注意到把一夸脱的酒装进一品脱的瓶中的问题与将意识放入脑的问题这两者间的有趣差异：那就
28 是，人们知道前者从未发生过，而后者却一直在发生。如果物质脑之水转化为意识之酒是一个奇迹，这便是每天都会发生的那些奇迹之一，而按定义，“奇迹”一词不应该用在这里。

所以，对于如何建立心—身问题，我们应谨慎，以免因为没有认知到它而使得我们提出的问题不仅是一个困难的问题而且似乎是一个逻辑上棘手的问题。

戈特弗里德·莱布尼茨（Gottfried Leibniz）在他1714年发表的《单子论》（*Monadology*）中想象有个人在脑中绕行，就像一个工厂巡查员也许会围着磨粉机绕行，“此外，人们必须承认，知觉（perception）以及依附于它的东西不可能通过机械原因，即借助图形和运动，来解释。假若我们设想有一台机器，它如此被建构以至于它能够思维、感受和具有知觉，我们可以想象一下，将这台机器按比例放大，以至于我们能够进入它里面，就像进入磨粉机一样。以此为前提，当我们参观它时所发现的不过是相互推挤的机件，但绝不会发现得以解释知觉的任何东西”[13]。

这是一个引人注目的隐喻，但如果你仔细思考，就会发现其中有一个明显的错误。莱布尼茨用磨粉机例证物理实在的要旨（bottom line）。但他也许也曾以类似的例子用于完全不同的效果。应该注意的是磨粉机并不是简单的物理对象。最重要的是，它就是一台磨粉机，一台把谷物碾磨成做面包的面粉的机器；这是一个存在雇佣关系的地方；它是一个财富的来源。事实上，对于歌曲中的磨坊主迪（Miller of Dee）而言：“我靠磨粉机谋生，她就是我的父母、孩子和妻子。”一个参观磨粉机的人只能找到互相推挤的机件，而无法解释任何这些属性。但接着由于参观者陷入常识的陷阱——把某个事物第一次留给自己的印象假定成事实

就是那样，他将会使用一种错误的描述层次。

我曾在一次课堂演讲中带了一个盒子，里面有两样东西。我用尺子在上面啪啪啪地敲打，要求学生们猜测里面装着什么。“空无一物。”我让他们上来瞥一眼。“骨头。”“人的颅骨。”一个比另一个要小。“男人和女人的颅骨。”我将它们从盒子中取出来，解释说这是美洲印第安人的颅骨，是从一个坟墓中偷出来的。“把它们放回去。”我解释说他们很有可能是一个男人和他的妻子，一对年轻夫妻一起死后又被埋葬在一起；我给它们取了名字——海华沙（Hiawatha）和明尼哈哈（Minnehaha）——并把它们脸贴脸地放着。“太可怕了……”

这堂课的教训是：一对主要由石灰制作的什么也不是的物体也可以
在另一个层次上被描述为一对情人的遗骸；此外别人既可以随意地玩弄 29
它，也可粗野地凌辱它。不同的描述层次（levels of description）不需要什么共通的东西。

现在，适用于磨粉机或颅骨的看法必然更加适用于像脑这样高度演化的功能机制。在某种意义上，脑毫无疑问是物理对象，可以根据它们的物质部件进行还原的描述。但这决不是表征它们的唯一方式，也不一定是最启发人的方式。为了给心智活动如何产生这一问题提供一个更好的线索，所需要的也许是一种表征脑随时间流逝在做什么而不是脑在每一刻是什么的方式。

例如，一种可能性是把脑看作一个计算机器或逻辑引擎，以至于它们对我们而言所拥有的属性与其说是物理的不如说是数学的。所以脑可以被描述为一个接收“信息”并“加工”它从而产生进一步信息的装置（如果那是我们选择描述它的方式，那么它无疑就是那样）；并且可以说，关键的方面是输入与输出之间的数学关系。在那种情况下，特定的主观感受不等同于特定的物理脑的过程，而是等同于所执行的特定的逻辑操作。

心智状态无非是数学上定义的计算状态，这种理论通常被称为功能主义。一些当代哲学家已经满腔热情地接受这个理论。例如，威廉·莱肯（William Lycan）在最近的一本书中写道，这是“我打算（若非许可的话）迷恋的所有哲学中唯一正向的学说”[14]。但尽管其他很多人赞成计算状态与某类心智过程是等价的，但他们在有意识的心智过程那里划出了界限，并且在主观感受的有意识觉知那里划出了更严格的界限。

这无疑是一个奇怪的想法：意识状态对应于脑的逻辑状态而非物质状态。似乎尤其奇怪的是，当我们认识到，如果这是正确的，那么这些相同的逻辑状态可能存在于一台没有生命的机器中，而这台机器（无论是由什么制成的）将由此拥有有意识的感受。

这个观念对某些人而言太奇怪了。再次引用麦金的话：“从神经系
30 统的计算中你无法获得有意识体验的‘品质内容’——看到红色、感到疼痛，等等。”[15] 或者引用《意识与计算的心智》（*Consciousness and the Computational Mind*）的作者雷·杰肯道夫（Ray Jackendoff）的话：“我发现，将有意识体验说成是一股信息流与将它说成是一组神经发放一样是不相干的。”[16]

然而，这或许仅仅是因为我们对神经系统一定在计算这一事情的本性知道的还不充分，而当我们知道了它的本性时，它似乎不像是个奇迹。

好的，我们会明白……但并不是在我们更好地集中于心—身问题中“心智”是什么之前。这将是对那个有关“心智的目的是什么”广泛持有的假定的一次重大的重新思考和修正。尽管我的目的事实上是要解释有感觉能力的（sentient）人的“意识”，但关于人有很多东西是首先必须要说的，而在这之前关于有感觉能力的存在又还有很多必须要说的。

2　令人费解的工作：关于语言的旁白 31

尽管我几乎还未开始，然而我还是想先停下来对词的使用做一些预先的注解。在我已经写的和更多以后要写的文章中，一些关键术语是打着引号或是被着重强调的，这是表明所谈论的词语并不完全正确的一个明确迹象。有时，就像是 T. S . 艾略特（T. S. Eliot）的诗中 J. 阿尔弗瑞德 · 普鲁弗洛克（J. Alfred Prufrock）哀叹的那样，似乎：

> "要恰当地说出我的意思是不可能的！
> 就好像一台幻灯将不同模式的神经投影在屏幕上。[17]

可是如果我们用以谈论心智的语言资源确实不够发达，那么这个事实有可能意味着整个事业都存在着严重错误。毕竟，人们已经围绕这些问题讨论很久很久。如果还是很难找到恰当的词语来描述诸如心智和意识这类看似本质的概念，那么也许意味着这些概念终究不是如此本质的。

20 世纪哲学有一个牢固传统，其大意是如果我们无法确切表达我们的意思，那么也许意味着我们没有任何值得说的事情。路德维希 · 维特根斯坦（Ludwig Wittgenstein）写道，"任何能说的事都能说清楚"。但情况并非如此直截了当。维特根斯坦在剑桥的同事 C. D . 布罗德（C . D.

Broad）声称“仅仅明晰是不够的”。他的意思是，说清楚并不能保证说的有理——即就算明晰是必要的却是不充分的。但或许完全明晰也是不
32 必要的。众所周知，人类实际上彼此间交流的大多数事情并没有被说清楚。但似乎，绝大部分时间里我们都成功地表达了大部分我们想表达的内容。

我们不应该对人类语言持一种过分乐观的（Panglossian）观点。庞勒斯博士（Dr. Pangloss）有句箴言是这样的：“在理想的美好世界中，一切都是为最美好的目的而设的。”毫无疑问，他认为与我们语言有关的一切都已经令人满意了。但无疑他是错误的。好比一个单独的孩子在成长过程中必须要学习词汇，人类文化也是如此；并且很可能在一些所谈论的领域中我们的语言文化仍处于初级阶段。

语言不成熟的一个富有启发性的例子就发生在柏拉图（Plato）身上，他在说到数字时似乎有很大的困难。在《理想国》（*The Republic*）中，苏格拉底（Socrates）正在讨论护国者应该如何为公民组织一次生育计划：“虽然你为你的城邦所制定的法律是明智的，但对人类生育和不育的知识，并非都是你们统治者的智慧和教育所能达到的；规范生育和不育的法则，不会被掺合了感觉的智力发现，所以他们会在不该生的时候生儿育女。”幸运的是，苏格拉底说，这都可以通过算术计算出来：“对人类的出生而言，（妊娠的）数是第一个数，在这个数中，一些基本数的开方和平方的乘积（包含三个维度和四个极限）——它们致使喜欢和不喜欢，它们增加和减少——以完全相称的方式产生了一个最终结果。”[18]

如果你对此一窍不通的话，那么你就有伴了，因为纵然是早期的古典评论者也不能弄清它的意思。现在基本达成的共识是上面讨论的那个数，即“柏拉图数”（Plato’s number），是 216；216 天是 7 个月，这被希腊人认为是妊娠的最小周期（一般的妊娠期被计算为 216 + 3×4×5 = 276）。

现在，216 是 6 的立方，同时它又等于 3、4、5 的立方和。显然柏拉图试图说明的正是这个性质。但尽管他肯定知道“求立方”，即直观

上理解其数学意义，但他却没能为它找到一个对应的词。所以学者认为，他所能做的最好的就是使用“开方和平方的乘积（包含三个维度和四个极限）”这样拙笨的措辞。

现在几乎让我们难以理解的是，在所有人中柏拉图竟然会在表达诸如“取三次方”这样一个简单概念上不知如何用词。每一个现代学童都 33
能做得更好。但不管怎样，想必没有人想宣称柏拉图语言用词的窘迫，意味着“求立方”曾经或现在是一个最好不要解释的观念。

我从中吸取的教训是，当我们谈及心智和意识而使用语言时，会发现我们自己也处于同样的境况。在文化发展的这个阶段，仍然存在一些我们可以直观领会的事物，但我们迄今仍没有好的方法诉诸于言词。

当一个民族的语言拥有其他民族的语言所缺乏的资源时，这个问题变得尤为明显。哲学家托马斯·内格尔（Thomas Nagel）有篇著名的文章，题目是《作为一只蝙蝠像是什么？》（*What Is It Like to Be a Bat*？）在法国（附有译者歉意的注释）这已被翻译为“Quel effet cela fait d’etre une chauve-souris?”[20]——照字面意思就是“作为一只蝙蝠会造成什么效果（影响）”。既然内格尔文章的要点是为了精确地论证一只蝙蝠的主观体验无法根据可观察的效果来描述，因而似乎就有这样一种实际危险：即法国读者将不能完全领会他的深意。可是，只要能够处理，谁会怀疑说法语的人具有我们在英语中表达为“what it’s like to be...”东西的概念呢？

这是语言的问题之一。但还有一个几乎相反的问题。尽管有时我们不知道如何措辞，但有时词又来得太容易了。一个词或短语存在于我们的语言中，而能被我们使用的事实并不能保证我们能用好它。似乎，某些词是冒牌货，它们承诺的多于履行的（事实上，就有一些人认为“成为……像是什么”恰好就是这种情形）。

最著名的例子之一就是词语“燃素”（phlogiston），人们在18世纪杜撰它用来指称具有负质量的假想物质，这种物质被认为是从燃烧的易燃物中释放出来的。但我们可能也会想到“生命力”（élan vital）、“动物磁力”（animal magnetism）、“心灵感应”（telepathy），更不用说有着令人印象更深的一系列词语，诸如“圣诞老人”、“尼斯湖水怪”和“核威慑”。

1856年，乔治·艾略特（George Eliot）在她的日记中写道：“我从未像现在这般如此渴望知道事物的名称。这个愿望是目前正在我体内膨
34 胀着的要逃离模糊和不精确而奔向清晰、鲜明的观念曙光之强烈倾向的一部分。命名一个物体的单纯事实倾向于将确定性（definiteness）赋予我们对它的构想。”[21] 但这一命名没有退路可言。我们一旦赋予某物一个词语，那么就很容易认为这个被命名的事物事实上（*ipso facto*）是一个独特的实体。

20世纪60年代，英国的火车大劫案（The Great Train Robbery）提供了一个滑稽的例证。警察在解决这起犯罪案件上没有取得任何进展。最终伦敦警察厅（Scotland Yard）的局长召开了一个记者招待会，会上他满意地宣称，他现在可以泄露的是“在劫匪背后有一个智囊（Brain）”。他的声明招来法国《世界报》（*Le Monde*）嘲笑的评论：“一切都是解释。一个大脑是东西！”（Tout est expliqué. Un Cerveau, c'est quelque chose）但当然没有什么“解释”（expliqué），因为“大脑”（Cerveau）根本不是“东西”（quelque chose）。伦敦警察厅关于智囊的说法不过是对他们无力抓到劫匪的一个方便的搪塞。

总之，这两个语言问题造成了一种心智讨论的双重危机：可能存在一些领域，可以说，词语欲擒故纵（play hard to get），而在另外一些领域内，词语又唱着海妖之歌（Siren song）。乔治·艾略特笔下的人物杜黎弗（Tulliver）先生在与他妻子的交谈中恰当地表达了这个观点：“不，不，贝西（Bessy）……我的意思是（我所说的）代表其他东西；但不要介意——这是一项令人费解的工作，谈话也是。”[22]

为了说明谈论心智的工作是多么费解，考虑最近几个关于“意识”

的观点：

“意识是生命史上最伟大的发明；它让生命得以觉知自身。”［斯蒂芬·杰伊·古尔德（Stephen Jay Gould，生物学家）］[23]

“有意识觉知是现实模型在其三重形式中的一个假定的（conditional）属性。它也许被说成是对一个暂时稳定的信息展示的连续再现（re-presentation）的主观方面，而在这个展示中，一个问题的多方面加工才能出现。”［约翰·库鲁克（John Crook，动物行为学家）］[24]

“在有效利用它的所有语境中，术语‘有意识的’和它的同根词 35
对于科学目的而言既无益也无必要。”［凯瑟琳·维尔克斯（Kathleen Wilkes，哲学家）］[25]

“在心理科学中提及意识是需要的、合理的以及必要的。它之所以是需要的是因为意识是心智生活的一个核心方面（如果不是唯一的那个核心方面的话）。它之所以是合理合法的是因为鉴定意识有着与鉴定其他心理学概念一样的合理根据。它之所以是必要的是因为它具有解释的价值，同时也因为有理由假定它拥有因果地位。”［安东尼·马塞尔（Anthony Marcel，心理学家）］[26]

“我发现，当人们谈论‘意识’或‘现象觉知’时，我不清楚他们究竟在讨论什么。”［艾伦·奥尔波特（Alan Allport，心理学家）］[27]

对此我想引用威廉·詹姆斯（William James）在1904年所写的那段著名的话加以补充：“‘意识’……是一个非存在物（non-entity）的名称，它无权在第一原理中占据位置。那些仍坚持着它的人坚持的不过是一个回声，即哲学氛围中被正在消失的‘灵魂’甩在后面的模糊传闻……在我看来公开地和普遍地抛弃它的时机已经成熟。”[28]

詹姆斯走得更远。他写道：“我相信，在声门（glottis）与鼻孔之间向外移动的呼吸，就是哲学家向我们建构的所谓意识存在物（entity）的本质。”这个几年前在其《心理学原理》（*Principles of Psychology*）中普及“意识流”概念的人恰恰对这个术语所表现出的如此敌意暗示了一个不同寻常的幻灭。

也许詹姆斯会喜欢最近一期《波士顿环球报》（*The Boston Globe*）中报道的一个美国男生的评论。那个男生被要求写一篇关于真空的随笔："真空，"他说，"就是空无。我们提到它们仅仅是为了让它们知道我们知道它们在那里。"[29]

他可能也会觉得20世纪60年代的尼斯湖（Loch Ness）的调查者毛里斯·波顿（Maurice Burton）的报告很好笑。"根据我自己以及那些其他观察者的体验，有一种说法要比其他的说法更真实：那就是尼斯湖水怪以惊人的罕见性显露出来。"

据推测在尼斯湖水怪被一台水下照相机拍下后，博物学家皮特·斯科特（Peter Scott）爵士在《自然》（*Nature*）杂志中说，现在尼斯湖水怪应得到一个科学的名称：尼斯杰拉斯拉·莫波特瑞克斯（*Nessiteras*
36 *rhombopteryx*）——长有偏菱形鳞片的尼斯湖居民。因一个令人不快的偶然，这个名字成了"皮特S爵士的恶作剧怪物"（monster hoax by Sir Peter S）顺序颠倒的倒写。

这也证明给意识命名会产生很多问题。但这些问题不是不可克服的。因为，如果存在一个尽管如此是真实的说法——如果不比另一个更真实——那就是意识以惊人的频繁性显露出来。

3　历史上发生了什么：内幕新闻 37

抓鱼（如果不是怪物的话）有多种方式。你可以在河里撒一张网，然后把所有在网里的东西都捞上来，但用这种方式你会把水草、青蛙，甚至还有旧靴子一起捞上来。你可以在鱼钩上挂一只小虫，然后把鱼钩抛进一个看上去很可能有鱼的池塘里，但用这种方式你会冒这样的风险——选错池塘或选到鱼儿恰巧不想吃东西那一天。或者（如一个苏格兰老人告诉我的）你可以取悦它：你沿着河岸悄悄地走，直到你看到你的鱼儿在水中逆流而上；你从岸边俯下身，把手指缓缓地放到鱼儿的腹部下面；你抚摸它；于是（如他所说）那鱼儿就会让你把它举起来。

我相信捕捉意识的方式也将是取悦它。也就是说，我们应该发现它在哪里，慢慢地接近它，然后吸引它到我们手里来。

这本书的情节将是心智生命的历史。所谓“历史”，在这里是指演化史，并且是一个大尺度的演化史：从地球的形成到现代人类的出现。之所以要包含这么大的一个时间尺度，有两重原因：第一，避免对心智和意识何时出现做预备的假定；第二，避免对客观物理实在做假定。

假如我们要截取一个相对较短的时间跨度，比如只是最近一百万年。于是我们将面临两组存在的事实：一方面是现存的主观体验现象，
另一方面是现存的物质世界现象。于是问题可能恰恰是我们在上一章所 38
遇到的，即这两类现象似乎完全没有交集。

然而当我们以更长远的眼光来看时，可以说，我们也许能够在这些现存的现象成为现象之前先下手为强。或许我们可以发现这两类现象，与其说是“既定的”，还不如说它们本身就是历史的创造物——主观体验的左手与物质世界的右手是一个共同来源的产物。如果是那样，那么问题就将是追溯它们各自的演化路径。

我理所当然地认为人类心智有一个演化史，它贯穿于非人类的原型——猴子、爬行动物、蠕虫——一直追溯到地球上出现第一缕生命微光。（相反地，如果人类是神圣创造的突然产物，我的论证路线就不成立了；但如此一来，一般的自然哲学也都不成立了。）在生命出现之前，让我们说 40 亿年前吧，这时行星地球刚刚形成，大概根本不存在任何种类的心智。

由此可以得出结论，40 亿年前世界完全未被体验也未被人知。这个世界里没有任何一样东西曾经被看到、被听到、被触摸、被闻到、被思考、被表征或被描述。因此，在那时，世界里没有任何一样东西对任何人而言是作为现象而存在的。我应该说，我在这里是以其老式用法来使用“现象”这个术语——一个“现象”（源于希腊文 *phainein*，即显现）就是一个显现给观察者的事件，有别于组成它的自在事物。

于是，在我们这个星球历史的那个阶段，我们如今称为主观感受的现象尚未存在：没有红色或刺痛的感觉（sensation）。尽管依然是真的，但不甚明显的是，我们如今称作物质世界的现象还不存在：没有红色的光线或锋利的物体，甚至没有重五磅或高七尺的物体——至少没有任何东西是以这种方式被思考的。我在这里并没有给出一个特别深奥的观点：我只是想说，在任何东西可以作为一种主观感受对象或作为一个物理事件存在之前，其周围必须要先有某人，只有针对他，那个东西才是什么或意味着什么。

你也许反对：你无法想象在某个时间没有任何东西曾以任何现象的

形式存在。在任何生命存在于地球之前，那时不存在火山，不存在沙 39
尘暴，不存在星光吗？难道太阳不是从东边升起从西边落下吗？难道水不是往低处流，难道光不是比声音传播得更快吗？回答是：如果当时你在那里，那么它确实可能以一种现象显现给你的方式存在。但你不在那里：没有人在那里。并且因为没有人在那里，因此——在历史的这个无心智的阶段——也就没有任何东西会被看成（*counted as*）是一座火山或一次沙尘暴，等等。我并不是说，世界上根本没有任何物质（substance）。也许我们可以说，它是由“世界质料”（worldstuff）组成的。但这个世界质料的属性还未被一个心智表征。

现在，40 亿年以后，情况发生了巨大变化。确切地说，现在有数以亿计的有心智的动物栖居在这个星球上，并且这个世界已被非常广泛地体验和认识。尤其是，主观感受的现象和物质世界的现象都已如此这般出现了。今天我们可以超越我们已有的互动，构想在我们未曾去过的某些空间中的可比较现象的存在，以及回溯过去和展望未来。我们可以想象在一个四周没有人的森林里一棵树倒地的声音。或许，我们甚至可以想象，最初的宇宙大爆炸。不论宇宙大爆炸像什么，事实仍旧是在它发生的时候并不存在现象性爆炸（phenomenal bang）。

在确定了两端后，这个大问题就是在此两端之间的时期究竟发生了什么？

在此，我将仅仅在几个行动中勾勒这个历史的可能版本。（并且尽管，鉴于我刚才所说的，用现代概念去讨论遥远的过去一定会存在一些悖谬之处，但这无疑是一个当代心智之眼的观点。）如果我不合理地快速略过了值得仔细和详尽对待的一些插曲或整个场景，那么我只能要求你暂时不加深究地接受其中的一些。

在原始汤里，机遇使最初的生命分子聚集在一起，它们有能力复制自身。时光流逝，达尔文的演化开始发挥作用，选择——从而帮助设

计——那些能更好地维持自身完整性和繁殖潜力的“世界质料”。最初，
40 世界上只有复杂的生命分子（像 DNA），之后有了单细胞生物（像细菌或阿米巴虫），再之后是多细胞有机体（像蠕虫、鱼或我们）。

活的动物有它们自己的形式和物质。每个动物个体不仅是一个空间有界的包，而且更重要的是，这个包中的内容合成一个整体。尽管“所有权”（ownership）和“归属”（belonging）在直观上显而易见（它告诉我们“拥有”我们自己身体的观念对我们自己的生命而言是多么重要），但它们还是一些让人难以捉摸的概念，在随后几章中我会再来讲这些概念。然而，目前我想说的是，无论在一只阿米巴虫的层面或在一头大象的层面上，动物都是一种自我整合并且自我个体化的整体。并且不像其他有界的东西——诸如一滴雨、一颗卵石或月亮——它的边界是自我加强并主动加以维持的。在界墙的一边是“我”，另一边则是“非我”：而正是“我的生命”、“我的形式”、“我的物质”才处于危险中。

所以边界——以及构成它们（细胞膜、皮肤）的物理结构——至关重要。首先，它们将动物自己的物质成分保存在里面，而将世界的其余东西阻挡在外面。其次，由于位于动物的表层，它们形成了一个前沿：在这个前沿处，外界对动物施加影响，并且穿过它进行物质、能量和信息的交换。

光线照射在这个动物身上，物体撞击到它，压力波挤压到它，化学物黏附于它……通常，其中一些事件对这个动物来说是“一件好事”，另一些是中性的，其他的则是有害的。任何拥有能够区分好坏、趋利避害手段的动物无疑拥有生物优势。因此，自然选择很可能是选择“敏感性”（sensitivity）。

敏感并不意味着比局部反应更复杂：换言之，就是有选择地对表面刺激发生的地方做出反应。正如今天我们可能会说一个人对日光敏感，因为他对光照的反应是脖子的局部变红，所以举例来说，第一种敏感类型涉及皮肤附近的局部收缩、肿胀或吞噬（engulfing）。

然而很快，更多复杂的敏感类型演化出来。感官对不同种类的刺激

变得有更强的辨别力，并且可能的反应范围也增大了。取代诱发一个局 41
部反应的刺激或与诱发一个局部反应的刺激一样，来自皮肤一个部分的信息被继续传递至其他部分，并在那里引起反应。而通过在传递中延迟的引入和促进—抑制的组合机制，这个方式有助于动物的反应更好地适应它的需要：例如，可以游走，而不仅仅是回避有害刺激。

适时地，不同刺激开始诱发非常不同的行动模式。举个假设的例子，我们可以想象一种生活在池塘中的动物，它对红光的反应是向上游，对蓝光的反应是向下游（因此在每一天的中午它倾向于游向更深处）。既然特定刺激的信息现在已被保存下来，并贯穿于特定的行动模式中，因此这个行动模式就能逐渐表征这个刺激——至少象征性地复制它。

尽管动物的敏感性与反应性已经达到这个水平，但仍然不能说环境事件为这个动物获得了很多“意义”。再者，就算是这个阶段，关于世界状态的某些事物仍在改变。特定的事件会被响应为好的和坏的，被响应为可食用的或不可食用的，被响应为对“我”是有意义的。在这里强调上述这些为是为了突出两方面之间的本质差别，一方面是，某些事情本身是好的还是坏的；另一方面是，对这个动物而言它所做出的如此反应是好的还是坏的。例如，比较低湿度对一只木虱和一个水坑（puddle）这两个有边界的物体的影响。高温对两者而言都是“坏的”，因为会使它们干枯。但水坑一动不动地在那里并且面积慢慢收缩，而木虱却逃走了。两者都对低湿度做出了反应：但水坑的反应是非适应性的且是无意义的，而木虱的反应却潜在地是有意义——它意味着“这里是一种我不太喜欢的情况”。

“喜欢”是另一个我随后想要更详细探索的概念之一。我认为，动物喜欢被刺激的程度问题，是这个动物对刺激的反应像是什么的问题的基础（因此双关语“like”不是偶然的）。存在许多不同维度和程度的喜欢和不喜欢，它们对应于演化中的很多不同种类的敏感性和反应性。在这个情感反应的丰富空间内，一定演化出了非常不同的主观品质，以跨 42

度非常大的方式来体验这个世界。

首先，敏感性和反应性是紧密相连的。并且因某种方式它们始终是且仍然是这样。（例如，考虑一下痒就是你想要抓的某种东西，或者一个重的物体就是你难以举起的某物。）但随着动物越来越精于协调自身行为以适应环境的状况，这个过程的感官 方与反应一方必然变得部分脱钩。不久之后，一个中心点演化出来，在这个中心点，以行动模式的形式出现的表征在执行前被暂时搁置起来。因此，行动模式变成了行动计划，而表征也变得相对抽象了。表征被储存的地方也就成了表征被保持在心智中的地方。

与其他任何术语相比，要给“心智”一个简单定义会更令人困窘。但我充分认识到这个循环性，我将暂时用“心智”这个术语仅仅表达我在这里所提到的表征能力。简言之，当动物首次有能力储存（以及有可能回想和改进）基于行动的、对作用于它们身体上的环境刺激影响的表征时，它们就首次拥有了“心智”。心智的物质基质是神经组织，在高等有机体中，这些神经组织以神经节或脑为中心；并且要备注 点是，甚至在像人类这样的动物中，胚胎发育过程中形成脑的神经管也源于皮肤的内折。

到原型心智演化形成时，可以说世界上的一些事件已经具有了有意义现象的地位。在历史上首次，事实上也是在宇宙形成后首次，某些事件（即发生在有机体表面的那些事件）开始作为某人的某物而存在。如果你不介意这个文字游戏，那么这些事件最终开始成为“事实”，因为有人“在乎”这个“关系到”其身体舒适（well-being）的事实。

所以感官体验的现象学首先出现了。在存在其他种类的现象之前，就已经存在“原生感觉”——味觉、嗅觉、痒感、痛觉、对温暖的感觉、
43 对灯光的感觉、对声音的感觉，等等。

我认为，有可能发生的是：这就是心智表征停止演化之处。的确，

完全可以构想：在另一个星系的某个遥远的地方，生命在另一个星球上演化，但也就走这么远；甚至是在地球上，一些原始动物可能也就如此了；短时间而言，它甚至对应一个新生的人类婴儿的状况。但这显然不是我们自己的心智表征的停歇之处。因为如果是这样的话，我们仍然生活在一个客观物理现象完全未知的世界里。

然而，从很早开始，存在另一条心智演化的足迹。一方面，正如我们所看到的，动物从拥有评估自身当前状况的能力中获益：即要回答“在我身上发生了什么”的问题——“红光照到我皮肤上像是什么感觉”。但另一方面，如果它们具有评估外部世界状况的能力，它们将会进一步获益：即要回答“在外界发生了什么”的问题，例如“这束红色光线来自哪里”，但“在我们身上发生了什么”和“在外界发生了什么”的问题始终是不同种类的问题，因此始终要求完全不同种类的回答。

考虑一束阳光照在一只类似阿米巴虫的动物身上。光线对动物自身身体健康状况有直接含义，并且因为这个原因，它被表征为一种主观感觉。但光线也意指——正如我们现在所知的——客观物理事实，即太阳的存在。而尽管太阳的存在对一只阿米巴虫来说可能无关紧要，但存在其他一些动物和其他一些物理世界的区域，在这里考虑什么存在于“超出我身体之外地方”的能力可能有至关重要的生存价值。考虑一下横在阿米巴虫皮肤之上的一片阴影。与表征身体表面刺激本身的能力相比，在此一种表征一个正在靠近的捕食者的客观事实的能力——要是阿米巴虫具备这个能力该多好——显然对这个动物的生存更重要。

但该如何做呢？如何将一个刺激解释为其他事物的“信号”呢？如何从对一个信号的表征转到对所指事物的表征？到演化的第一阶段结束 44
时，感官与一个中央处理器联接在了一起，并且大多数关于潜在信号的必要信息被接收为“输入”。但对这个信息的随后加工——它引起主观的感官状态——与品质而非数量有关，与瞬间的当下而非永久的同一性有关，与我性（me-ness）而非他性（otherness）有关。为了使相同信息可以被用来表征外部世界，一种全新的加工风格必须逐步形成，这种加工风格不太强调主观的当下而更强调物体的永久性，不太强调即时的反应性而更强调未来的可能性，不太强调对我而言像是什么而更强调“它”所指的东西如何，从而适应稳定外部世界的更大图景。

简言之，结果就是发展出了两种不同的心智表征，它们涉及非常不同的信息加工风格。一条路径通向主观感受的感受质和关于自我的第一人称知识，而另一条路径则通向认知的意向对象和关于外部物理世界的客观知识。

地球形成时，两者中没有任何一种现象是为任何人存在的。现在这二者都为我们而如此存在。并且正是这些表征的双重模式的演化非常有助于解释，为什么现在，今天，我们在这两类现象之间有明显的僵局：主观感受对物质世界的现象、品质对数量、酒对水。正如毕加索（在一种相当不同的语境下）所说，“自然与艺术，作为两种不同事物，是不能成为相同东西的”[32]；同样，主观感受与物理现象，作为两种不同种类的表征，是不能成为同一种类的表征的。

4　感官的双重职权 45

在开始这个演化的故事后，读者可能期望我立刻深入下去。但既然为了适合当代事实，我已经调整了这个故事，因而我首先应该花点时间相当仔细地检查这些事实是什么。所以，让我们向前跳一下，跳到我作为一个活着的人的状况。

此刻，在一个夏日的午后，我坐在书桌旁，手捧一杯热茶，透过窗户远眺乡村的花园，远处的声音在我耳中隆隆作响，一只蚂蚁（或其他什么东西）缓缓地爬到我的腿上。我的身体表面正在被环境的刺激轰炸着。在某一层面上，就像一只原始的阿米巴虫，我将这些刺激解释为直接影响我身体状态的事件：我喜欢一些也讨厌另一些，同时我的喜欢与不喜欢有巨大差别。在这一层面，我处在自己直接和间接感觉的私人世界的中心。在另一个层面上，我正将相同的表面刺激解释为信号，它指示外部世界的状态：我看见盛开的花，我听到雷声，我闻到薰衣草的芳香，我认为它是一只蚂蚁，通过太阳的高度我能够辨别出时间。在这第二个层面，我是一个独立物理现象的公共世界（现在不是我的世界）的旁观者。

诚然，这种表达事情的方式可能会被认为仅仅是一种“表达事情的方式”，它并没有特别宣称抓住了形而上学或心理学的实在。因此，我要强调这是一种表达事情的方式，在我之前已经有多位著名的作者选定过这种方式。

46 托马斯·里德（Thomas Reid），苏格兰常识学派的领袖，1785年在其著作《论人的理智能力》（*Essays on the Intellectual Powers of Man*）一书中写道："外部感官有双重职权——使我们感受，和使我们知觉。它们提供给我们各种各样的感觉，有些是愉快的，有些是痛苦的，还有一些是中性的；与此同时，它们也赋予我们一个外部对象的概念和一个其存在的不可抗拒的信念。这个外部对象的概念是自然的杰作；与之相伴随的感觉也是如此。自然借助感官产生的这个概念和信念，我们称之为*知觉*（perception）。与知觉相伴随的感受，我们称之为*感觉*（sensation）……当我闻一朵玫瑰花时，在这个操作中既存在感觉也存在知觉。我感受到的这个怡人香气——独自被考虑，与任何外部对象无关——仅仅是一种感觉……（相比之下）知觉始终有着一个外部对象；在这个例子中，我的知觉对象是我通过嗅觉所分辨的存在于玫瑰中的性质。"[33]

西格蒙德·弗洛伊德（Sigmund Freud）记述了两条心智功能活动的原则，即"快乐"原则和"现实"原则。最近精神病学家欧内斯特·萨哈特（Ernest Schachtel）区分了他所称之的体验世界的"自我中心"（autocentric）模式与"异我中心"（allocentric）模式："知觉的自我中心模式和异我中心模式的主要差别是：在自我中心的方式中，几乎没有或完全没有客观化；重点在于人们如何感受以及感受到了什么；感官品质与愉快的或不愉快的感受之间有着密切的关系，相当融合，并且知觉者首先对紧密接触它的事物做出反应……在异我中心模式中存在着客观化；它的重点是在于客体像是什么。"[34]

但所有这些想法中最接近我所提出的观点的是一位不起眼的叫作E. D. 斯坦巴克（E. D. Starbuck）的心理学家的一些闲谈。在一篇发表于1921年的《宗教季刊》（*Journal of Religion*）上题为《作为智慧来源的私密感官》（The Intimate Senses as Sources of Wisdom）的文章中，斯坦巴克讨论了"私密性的"（intimate）感官过程与"定义性的"

（defining）感官过程之间的区别。这种情况下，我认为我应当详细地引用他的话：

“就感受器分辨对象的品质以及知觉它们的亲密关系而言，它或许可以被称为一种决定性的感官。既然所有的感官在某种程度上都拥有这种能力，因此说它们是决定性的感觉过程更合适……其他一些感官直接（immediately）涉及对客体对象和对它们的品质的解释而没有定义它们或将它们置于空间和时间的秩序中。它们的品质直接（directly）被认 47
为是宜人的或无关紧要的，是令人满意的或不合需要的，或者在其他方面适合有机体的健康（well-being）。就感受器直接或立即向意识报告对象的品质连同正确反应的线索而言，它可能被指定为一个私密性的感官。还有，既然所有感官或多或少都拥有这种倾向，因此最好说它们是私密性的感觉过程……在发展和演化上存在两条同等重要的线：一条在描述、科学分析、实践操作、逻辑建构和体系建立的方向上动得快且远。另一条在以精细、巧妙的方式解释对象以及对象的意义方面，在保持个体与其体验世界的正确关系方面取得了同等成功……既然解释外部体验世界的方式不止一种，因此它的整个终极原因可能是：存在不止一种客观实在。”[35]

这个主张是：这两种体验类别——感觉与知觉、自我中心与异自我中心的表征、主观感受与物理现象—— 是二者择一的（alternative），并且本质上是解释到达身体的环境刺激之意义的非重叠方式。所以，当我闻一朵玫瑰花时，感觉对“在我身上发生了什么”这个问题提供了回答，而知觉则对“在外界发生了什么”这个问题提供了回答。

然而这种区别在日常语言里并不总是明显的。里德清楚地认识到这一点：“依其本性，感觉既不蕴含外部对象的观念也不蕴含它的信念。它假定了一个有感知能力的生命（sentient being）和影响这个生命的方式；仅此而已。知觉蕴含了对某个外部事物——这个外部事物既不同于进行知觉的心智也不同于这个知觉行动——的直接的确信和信念。对这些本性截然不同的事物应该做出区分……（但）知觉和与之相应的感觉是同时产生的。在我们的体验中，这导致我们认为它们是一回事，赋予它们同一个名称，并且混淆了它们不同的属性。因此在思想中区分它们、单独地关注它们、不将属于一个的属性归因于另一个变得非常困难。”[36]

48 例如“甜”（sweet）这个术语既可以用来描述玫瑰花的气味到达我鼻孔时我具有的主观感觉，又可以用来描述玫瑰花自身被感知到的气味；同样地，“红”（red）既可以用来描述来自玫瑰花瓣的光到达我眼睛时我具有的感觉，也可以用来描述这些花瓣被知觉到的颜色；“尖锐”（sharp）既可以用来描述玫瑰花的荆棘刺到我皮肤时我具有的感觉，也可以用来描述那些荆棘被知觉到的形状。

如果我们坚持我称作是盲目乐观的（Panglossian）语言观，我们可能会忍不住而得出这样的结论：因为我们熟悉的词汇将感觉与知觉结合在一起，那么它们实际上就是同一样东西。但只要我们仔细思考一下其他语言结合（lumping）的例子就能发现，这样的结论是没有根据的。例如，细想用来命名农场里的动物的单词和/或表示它们身上肉的单词。在法语中一个单词就可以同时充当这两者：*mouton*，既表示羊又表示羊肉，*boeuf* 既表示公牛又表示公牛肉，*porc* 既表示猪又表示猪肉。在英语中我们通常用两个不同的单词（保留了撒克逊的词来命名动物，同时借用诺曼法语的词来命名它们的肉）——羊/羊肉（sheep/mutton），公牛/牛肉（bullock/beef），猪/猪肉（pig/pork），还有更多——但，即使是这样，例如 lamb、chicken，我们还是用这些词同时表示两个意思。

也许我们不应该低估这个可能性，即有一天英语中会用不同的单词去描述感觉和知觉。然而目前，我们好像依然处于前诺曼底征服（Norman Conquest）阶段。

在这个领域里有太多围绕语言的哲学纠纷，以至于我不认为任何人都无需进一步的说服就赞同这种区别。但我认为它的现实性和重要性将会在接下来的几章中得到加强。眼下我想将语言的困难放在一边，而转向一个令人不安且重要的问题，这个问题也是意见分歧的主要来源之一：即假定感觉与知觉是有区别的，那么它们是如何因果地关联在一起的呢？

这里存在两个明显的可能性。其一是感觉和知觉由心智的平行通道分别独立加工：

49

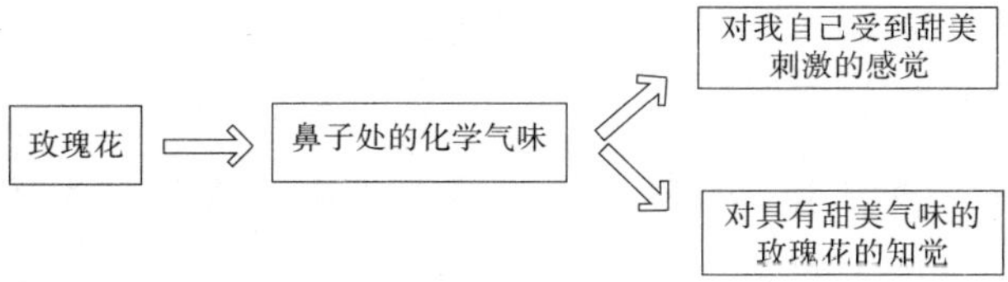

或更一般地：

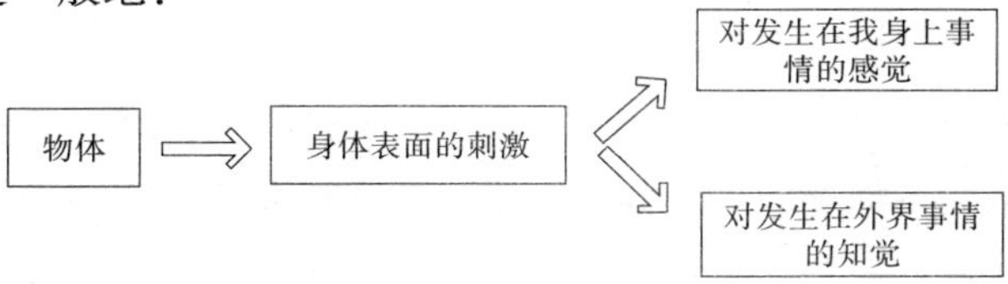

另一种（这个理论在某种程度上似乎更可信）是感觉和知觉两者前后相继：

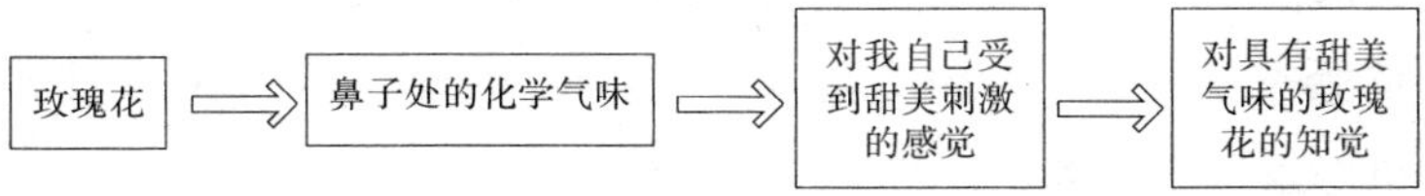

或更一般地：

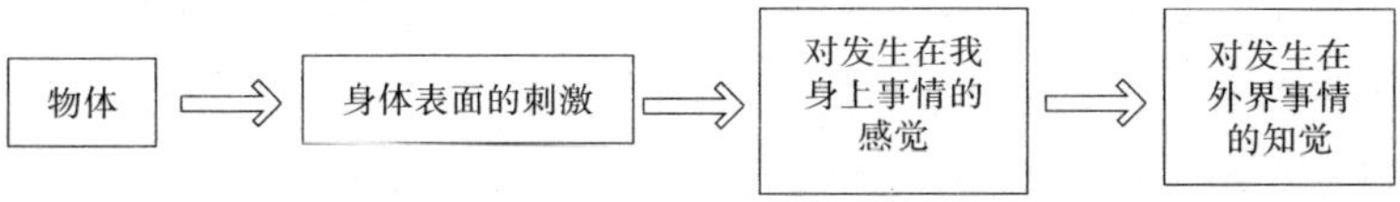

里德本人在这个问题上的模棱两可是有趣的。他一度在自己的论著中坚持知觉是“即时的”而且“不依赖于推理”，是“人类心智的最初构成的一部分”。但随后他又写道：“当观察到玫瑰花在附近时会有令人愉悦的感觉出现，而玫瑰花被移开时这种感觉会消失，我的本性使我推断出：是玫瑰花的某种性质导致了这种感觉。玫瑰花的这种性质就是被知觉到的对象……我们所有对气味、味道、声音以及各种不同程度的冷
50 和热的名称……既表示一种感觉也表示借助那种感觉所知觉到的一种性质（强调是我加的）。”[37] 想必，通过这些，他暗示知觉较之感觉是次要的并且来自感觉——事实上，他暗示知觉是基于感觉的一个“结论”。

现在，如果后一种理论是正确的，那我所提出的情形显然会被破坏。这也就意味着实际上并非存在两条独立演化的心智表征的通道，而可能只有一条单一通道——可以说，它的产物以一种相对未加工的形式（即感觉）和一种已加工的形式（即知觉）碰巧触及意识。如果是这个样子，那么这两类体验分类之间区别的重要性（significance）——以及与之相伴的主观感受与物理现象之间的区别——就丧失了。

所以这个问题就是：存在一种决定哪个图式（并行还是串行）是正确的决定性的方式吗？答案在于检验感觉与知觉“脱钩”（decoupled）的可能性。因为很明显，并行方案将允许感觉与知觉各行其道，而串行方案则不会。如果知觉因果地依赖于感觉，那么感觉的任何变化一定会引起知觉的连锁效应；而如果在感觉上存在一个彻底的中断或故障，那么知觉也会被彻底清除。

我将会在第 10 章到第 12 章提出证据来证明感觉与知觉能够各行其道，并且事实上在完全不存在感觉的情况下知觉也能够出现：换言之，就是证明在心智中的确存在两个平行的通道。但如果我先探究一些其他的问题，这些证据将会更具说服力。

在心理学的历史上，关于是一个通道还是两个通道的争论贯穿于整个 19 世纪。并且带来一个不幸的效应。因为，随着关于知觉是否事实

上串行地依赖于感觉的疑惑开始出现，许多关心感官过程的心理学家开
始完全集中于知觉并且对感觉本身不再有任何兴趣。就这样，他们对
“自我中心性”（autocentricity）、“隐私”（intimacy）、“情感”（affect） 51
不再感兴趣——并且最终对整个“主观感受”领域不再感兴趣。

在 1623 年威廉·德拉蒙德（William Drummond）写道：“通过感官灵魂得到多么甜美的满足！它们是灵魂知识的大门与窗口，是灵魂快乐的器官！”[38]1785 年，里德也说：“感官有双重职权：它们提供给我们各种各样的感觉，有些是愉快的，有些是痛苦的，还有一些是中性的……”但到了 1905 年弗洛伊德就有了理由评论道，“一切关于快乐和痛苦的问题都触及当今心理学的最弱的方面”[39]，而即使是今天这也相当接近事实。

巴黎克卢尼博物馆（Cluny Museum）里编织于 15 世纪的独角兽挂毯（Unicon Tapestries），描述了五种感官，它根据其所赋予的享受刻画了每种感官：味觉——水果的味道；嗅觉——花朵的气味；触觉——爱抚的手的触摸；听觉——音乐的声音；视觉——反映在镜子中的美女。但现代感官心理学的教科书不可能只引用人们喜欢或不喜欢他们感受到的东西这个事实：正如拜伦勋爵（Lord Byron）写到的，“生命最伟大的目标就是感觉——去感受我们的存在，即使是处于痛苦之中”[40]。另外 C. L. 哈丁（C. L. Hardin）的出色审视——《哲学家的色彩》（*Color for Philosophers*）[41]——则把任何对颜色美学的提及放到脚注里。

现在这个偏见需要纠正。事实上，除非并且直到我们重新考虑感官情感，否则我们就是在一个空池子中捕捉意识。

52

5 “我们看到了什么？”

视觉是人类的支配性感官；它是心理学家研究最广泛、哲学家思考最全面的感官；并且对这种感官而言，要在感觉的私密性作用（intimate role）与知觉的定义性作用（defining role）之间做出区分是极为困难的。

当以嗅觉来说明他的论证时，里德据说一直在骗人。就嗅觉而言，并不需要非常确信：感觉是令人愉悦的或令人讨厌的。可是，对于嗅觉，人们可以相对容易地辨认出感觉的确与知觉属于不同类别。考虑一朵玫瑰花的气味进入我的鼻孔，我对芳香的感觉显然与“发生在我身上的事情”相关联；而考虑气味从玫瑰花中散发出来，我对玫瑰花的芳香的知觉显然与“发生在外界的事情”相关联。此外，事实上我们是以两种明显不同的方式使用鼻子，这依赖于我们感兴趣的是主观感受还是客观定义。当我们想要品味一种气味时，我们会选择深呼吸，但当我们想要发现一个物体带有什么气味时，往往会进行一系列短促的嗅探。

但对于视觉，情况从来不是那么直截了当。尽管对它存在争辩，但视觉感觉的情感作用并不像嗅觉那样显著。并且，视觉感觉与视觉知觉
53 是不同的体验类别这一点，在直观上也不是那么明显。确实，我可以重复上面的公式说，鉴于来自玫瑰花瓣的光落到我的视网膜上，我的红

色感觉显然与在我身上发生的事情相联系；而鉴于光是从玫瑰花发出的，我将花瓣知觉为红色则显然与外部物体相联系。但我并不期待这里的“显然”会带来多少确信。此外，我们有可能会做出让步而认为实际上存在使用眼睛的两种方式，一种被动接收的方式和一种主动探究的方式——因为当然不存在等价于视觉品味（visual savoring）与视觉嗅探（visual sniffing）这种区别的东西。

也许正是由于这些原因，视觉才会给哲学家带来这么多的焦虑。维特根斯坦曾写道：“我们发现关于看的某些事情是令人费解的，因为我们并不觉得关于看的整桩事情确实令人费解。”[42] 毛里斯·波拉（Maurice Bowra）在他的《回忆录》（*Memories*）中讲述了一位牛津讲师的故事：“有一个学期，他要讲授‘我们看到了什么’，一开始他满怀希望地认为我们看到了（主观的）颜色，但到第三周他放弃了这个看法，并且辩称我们看到（有客观颜色的）东西。但那也行不通。而到学期结束时他悲伤地承认，‘我压根不知道我看到了什么。’”[43] 至少对这位哲学家而言，对他问题的回答是视觉有双重职权——也就是说，它既为我们提供了有关在我们的边界处正在发生的事情的信息，也为我们提供了有关外部世界正在发生的事情的信息——这并不是显而易见的。

因此视觉向我提出的那种解释发出了一个独特的挑战。同时它也为把这个论证推进到一个新领地提供了独特的机会。

要开始那项推进工作，我们必须考虑在演化史中视觉感官作为一种表面感官是如何开始的，这种表面感官的首要作用是提供有关对到达皮肤的光的几乎可被称为“嗅觉”或“味觉”或“听觉”的东西的私密性信息。

最原始的有机体当然没有眼睛（它们最多有鼻子）。像今天的阿米巴虫一样，它们可能整个身体表面都对光敏感。此外，它们没有专门化的只对光敏感的“光感受器”（photoreceptors）：系统的感官感受器可能不仅对光敏感而且也对高浓度的盐或机械振动敏感。

当光感受器真的演化出来时，它们并不是一种全新的感受器。它们不过是一些特异的感受器，在演化中较之于其他种类的刺激，这些感受
54 器对光相对更敏感。事实上似乎很可能在很多情况下它们都是由“感官纤毛”（sensory cilia）演化而来的。纤毛是细胞表面突出的类似于毛发的结构，它们或者充当使动物四处移动的运动能力，或者充当识别环境的局部扰动的感官能力。通过把感官纤毛与光敏色素包合在一起，阿米巴虫可以变得对光特别敏感。甚至在我们眼睛视网膜中的视杆细胞和视锥细胞也表明了在演化过程中以这种方式开始的证据，正如纤毛主要是对触摸敏感。

初期有机体的光感受器的功能一定是识别一般水平的照明。如果光照情况“良好”，这个动物就可以继续待在它所在的地方，如果光照情况“不佳”，它就会四处移动直到情况有所改善。但由于没有任何途径知道光是从哪里来的，它可能会花很长时间才能获得想要的状态。直到动物发展出比较落在它们身体表面不同位置的局部光照的能力时，它们才能够有目的地朝正确的方向移动。

像阿米巴虫一样，蚯蚓（earthworm）也有遍布身体表面的光感受器。蚯蚓不喜欢光照（因为在白天的野外它会处于被伤害的危险中）。如果蚯蚓在夜晚的草坪上被一束手电光照射，它会迅速地逃走。蚯蚓会在它身体亮的一侧发生的事情与它身体暗的一侧发生的事情之间进行比较，基于这个比较，它就能指导自己进行规避。青蛙也有遍布身体皮肤的光感受器（尽管除此之外，它还有结构良好的眼睛）。与蚯蚓相比，青蛙（较之于黑暗，这种动物更适应白昼）确实喜欢光照，而且就算不用眼睛的时候，它们也还是喜欢光照。如果一只蒙上眼的青蛙被放在一个只有一边有窗户的黑箱子里，它会转向身体去面对光。这再次是将一侧与另一侧进行比较的事例。

但如果不是就这个讨论而言，那么问“一只蚯蚓或者一只闭上眼睛的青蛙看到了什么”这一问题，在演化中为时过早吗？鉴于波拉的哲学

家被“我们看到了什么”所困扰，因此开始问有关蚯蚓的相同问题或许有点愚蠢。但事实上，蚯蚓的事例可能更简单。

我认为，每个人都会同意蚯蚓表征光的方式不应该算视觉知觉。但应不应该算视觉感觉至少是可争辩的。因为——假如抛开我们关于蚯蚓
是不是有意识的可能有的顾虑——确实可以有意义地说——蚯蚓的神经 55
系统将光表征为“发生在我身上的某些事情”，以及表征为某个“不愉快的”东西。

对我们人类来说，当然很难想象我们的所有皮肤都对光敏感是什么感觉。可是我们自己的更为私密的感官提供了一种可行的入口。如果我试着将自己置于蚯蚓的位置，我能想象自己被照在我身上的光抚摸、令我发痒和疼痛；我能想象光有一种不好的味道，或者有一种令人讨厌的气味。

但既然这样，如果这个对比更适合触觉或嗅觉或味觉而不是视觉，那为什么还认为蚯蚓处在拥有视觉感觉的途中（en route）？我之所以想这么做，是因为在演化的历史中原始动物对“光的触摸”的反应直达我们自己的视觉体验。

在演化中所发生的事情是，身体表面的光感受器簇集为“眼状斑点”（eyespots）。甚至单细胞动物有时候也有专门的光敏斑点，在这里对光刺激的阈限相对较低；并且大多数没有真正眼睛的多细胞动物，都有一块或者多块这样的斑点，这些斑点战略性地位于它们的边界上。发展出这些眼状斑点的原因是，相较于在全身范围比较光照，在几个专门位置比较光照要更有效。

然而，事实证明还有一个找出光源方向的更好方法：这就是用一种成像原理将一个单一的眼状斑点转化成真正的“眼睛”（图 1）。当来自一个方向的光照在一个平的光感受器斑点上，这个斑点受到均匀的照明从而没有办法辨别出光是从哪个方向照射过来的；但当这个斑点被转化

为一只杯子时，来自一个方向的光就产生一个照明梯度；当这个杯子被进一步转化成一个表面有窄孔的球形空腔时，这种安排就变成了一种“针孔照相机”，在这里光的方向恰好与成像的位置相关联。只要再前进一小步用一个透明的液滴来填补这个小孔后就能产生一个带有镜头的成熟相机了。

相机般的眼睛出现在演化的早期，而且经历过好几次彻底改造。但
56 是尽管它们有成像属性，我认为最初它们唯一重要的功能仍然是评估到

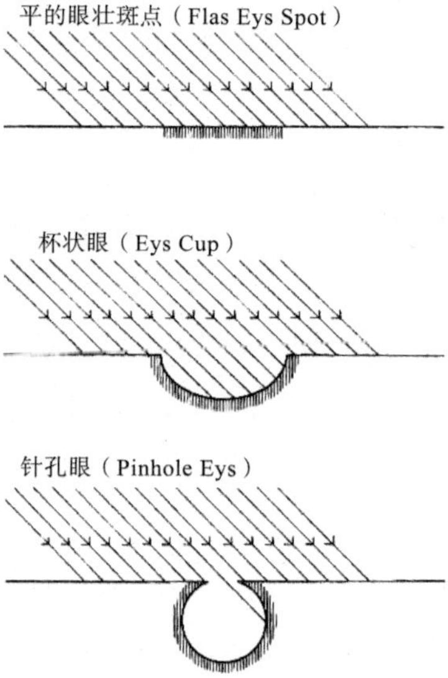

图 1

达身体表面照明的等级和方向。因此，甚至在眼睛演变之后，视觉感觉最初只有一个职权，而非两个。比如，当一个明亮物体的图像穿过视网膜时，可以说，动物会有的唯一的体验就是被这个视觉刺激“抚弄了”。

但这不是演化停止的地方，一旦能成像的眼睛被创造出来，一个全新的世界就潜在地为知觉的分析打开了。比如，不同形状的物体在视网膜上投射出不同形状的图像；不同距离的物体投射出不同大小的图像；不同颜色的物体投射出不同颜色的图像。因此，原则上光刺激就成了关

于外部世界的信息源。

通过在已经存在的视觉感觉的通道旁再发展一个单独的视觉知觉的 57
通道，动物们可以利用光的这个决定性属性，同时保留了它们对光作为一个影响自己身体的私密性事件的首要兴趣。数百万年以后，最终的结果就是出现了有着像你我的眼睛和心智的那些动物的演化：当我们注视一朵玫瑰花时，我们就会有我们称之为“看”的复杂和多层面的体验。

可能有人会认为，就我们自己而言，视觉的主要功能现在是知觉，而视觉感觉的情感作用已经变得相对不那么重要了。然而演化的一般规则是，动物们很少完全忘掉自己的历史。今天我们的血液仍然保留着与我们祖先最初出现的海洋相同的盐浓度。同样我认为，我们看的体验保留了当光像玫瑰花的气味进入我们的鼻孔一样亲近地触摸我们时的记忆。

但还有另一种一般的演化规则，就是随着生物的结构或能力在其原有的作用中变得越来越不重要时，它们就会有新的作用。因此，我们不妨期待视觉感觉开始在人类心智生活中扮演次要作用，而在蚯蚓中则完全没有这种类似性。

然而，过快地跳过而不去思考视觉感觉除了情感还给人类带来什么可能会是一个错误。因为，就算在一些天然的水平上，视觉感觉触动我们的力量比不上嗅觉、味觉或触觉，但还是不能说我们已经演化到了根本不在乎进入我们眼睛的光线的地步。我们或许不再有遍布全身的光感受器。作为我们整个皮肤的一部分，我们的视网膜可能很小。但另一方面（而我认为这一点无需放大），一个女人的阴蒂，作为她整个皮肤的一个部分，是很小的：可是阴蒂的感觉可以影响她整个人。

58 6 颜色是琴键

在几乎所有环境中，较之黑暗，人们都更喜欢光明。作为人类崇拜对象的世界之光的太阳神，其地位超过任何其他神不是没有原因的。当人们开心时他们感到明亮，而当人们悲伤时则有黑暗的想法，这些也不是没有原因的。

然而，当诗人安德鲁·马维尔（Andrew Marvell）想要寻求真正的舒适时，他却在他的花园里寻找到“一个绿荫下的绿色想法”。[44]

对人的情绪有着最明显影响的是颜色而不是光线。瓦西里·康定斯基（Wassily Kandinsky）说：“颜色是一种直接影响灵魂的力量。颜色是琴键，眼睛是音锤，而灵魂就是有着许多弦的钢琴。艺术家是乐队，通过敲击一个个琴键的演奏来形成灵魂的震动。”[45]但是纵使没有一个艺术家参与并且这个乐队只弹奏了一个单一的音符时，有色光线仍能强烈地影响人类状态。[46]

例如，已经发现红色光线能够诱发兴奋的生理症状：血压升高、呼吸和心跳加速、皮肤电阻下降。相比之下，蓝光则有着相反的影响：血压略微下降、心率和呼吸减缓。这些反应几乎肯定是非习得的。在仅仅十五天大的时候，哭泣的婴儿在蓝光下比在红光下更容易安静。

相比蓝色的房间，当处在红色房间时，人们在主观上感到更温暖。W. E. 麦尔斯（W. E. Miles）报告称，在一个咖啡馆内，当发现蓝色墙壁被重漆成橙色时，女雇员会脱下她们的外套。一个挪威的研究显示，在蓝色房间里人们设定恒温器的温度比在红色的房间里高四度，似乎是尝试给视觉上诱发的寒冷一个热补偿。 59

人的主观时间在红光下比在蓝光下过得更快，以至于人们判断，红色房间里的一分钟相当于在蓝色房间里的一分半钟。根据记录，一组学生的反应时在红光照明的房间里比在绿光照明的房间里更快。一项在工厂中的研究显示，当浴室被漆成深红色时，工人们呆在里面的时间更少。

在《建筑的色彩》（*Colour for Architecture*）一书中，汤姆·波特（Tom Porter）和拜伦·麦克雷迪斯（Byron Mikellides）谈到一件轶事："意大利电影导演米开朗基罗·安东尼奥尼（Michelangelo Antonioni），在拍他第一部彩色电影《红色沙漠》（The Red Desert）期间有一个有趣发现。应剧情需要，他在一家工厂取景时将食堂漆成了红色。两周后他发现工厂中的工人变得好斗并且开始打架。当电影拍摄结束后，为了恢复平静，餐厅被重新漆成浅绿色，以便（正如安东尼奥说的）'工人们的眼睛能够休息一会了'。"

此外，"临床医生和艺术治疗师发现有自杀倾向的患者常常在他们的画中大量使用黄色颜料——的确，正如文森特·梵高（Vincnt Van Gogh），他自杀前的最后一幅画《麦田群鸦》（*Wheatfield with Crows*）就绝大部分是黄色的……伦敦当代艺术中心在付出代价后发现黄色的兴奋作用如此强烈以至于它能诱发孩子故意捣乱。在一场玩具展览会上，展品陈列在不同颜色的房间里，所有在黄色房间里的玩具都被弄坏或打烂了！"

在特定的病理状况下，颜色的影响能变得更明显。科特·戈尔茨坦（Kurt Goldstein）这样描述一个患有小脑疾病的患者："如果她穿着红色裙子，她所有症状都会加重到一个难以忍受的程度，她会头晕甚至摔倒。绿色和蓝色则有着相反影响。它们使她平静；她的平衡能力会提高，因此她显得几乎无恙。"[48] 进一步对这个女人和其他小脑受损的

患者进行观察，他发现看红色或黄色屏幕导致他们的双臂摇晃离开身
60 体，而绿色或蓝色屏幕则导致他们的双臂离身体更近。L. 哈尔彭（L. Halpern）描述了好几个相似案例。其中有一个："当把一个纯红色镜片放在患者的左眼前时，她整个身体立刻开始摇晃……同时，她的右手臂下倾而且极大地偏离右边……患者陈述说当看到红色时，呼吸变得困难，并且心悸和恶心加剧。与这些令人不安的感觉形成对照……当使用蓝色镜片时，患者主观上感到完全康复了。"[49] 在红色光线照射下，疼痛的感觉加剧，并且原本在蓝色光线下能被容忍的大声喧哗也会变得令人讨厌而不堪忍受。

戈尔茨坦的结论是：手臂在红色刺激下的更强烈偏离与被中断、被抛弃和被外部世界不正常吸引的体验对应。这仅仅是患者对因红色引起的强迫、攻击和兴奋的另一种表达。在绿光照明下偏离的减少与从外部世界撤回并退入他自己的平静相对应。

人们甚至可以以更为温和的形式在健康人身上观察到这些肌肉反应。音乐家曼弗雷德·科恩莱斯（Manfred Clynes）开发了一项测量情绪的技术，借助一块敏感的压力垫——即 sentograph——来收集被试手指的微小表达性运动。在他的《情感学：触摸情绪》（*Sentics: The Touch of Emotions*）[50] 一书中，科恩莱斯显示了一种对"强烈的、向外的反应"的红色的典型反应"。而"蓝色的平静则表现为……外推力的缺失"。这个红色和蓝色的 sentograms（这是一项专利，意为将人的情绪反应通过压力转化为图像）形式与那些当他要求被试分别沉思厌恶和友谊状态时所发现的情况极其相似。

尽管必须承认多数关于颜色的这类研究相对来说是二流的——反映了心理学中反对研究情感的普遍的现代偏见——但浮现出的整体图画是，作为动物的人类已经将光作为一种私密性事件的强烈生物记忆保留下来。实际上我们并没有与我们遥远的祖先如此不同，它们用全部皮肤来感知光——并让振动穿透到它们的肌肉和腺体，如果不是穿透到它们的灵魂。

7　在感官领域中 61

对于塞穆尔·柯勒律治（Samuel Coleridge）来说，视觉体验具有显然是色情的内涵："有时当我认真地注视一个美丽的物体或风景时，好像我濒临于一个仍被否认的享受（fruition）"——好像视觉就是欲望；甚至就如一个（在弹跳活动中用尽所有肌肉力量的）人恰在那一个刻退缩了——他往前跳可是却没有从他的位置上离开。"[51]

威廉·华兹华斯（William Wordsworth）在回忆他青年时期时，这样描述自己对形状和颜色的热爱：

……巨石，
高山，幽深昏暗的丛林，
它们的形态和色彩，都成了我的
强烈的嗜好；那种爱，那种情感，
本身已令人餍足，无须由思想
给它添几分韵味，也无须另加
不是由目睹得来的佳趣。[52]

这段话写于18世纪90年代，当时正值里德的观点盛行的时代，华兹华斯恰当地理解了感觉与知觉之间的区别。他渴望的不是知觉，不是

“思想添加的几分韵味”，而是对光的未经加工的感觉，不包含任何“不是由目睹得来的”东西。

62 正如我做的那样，或许我本应该说视觉知觉的定义性作用更加明显，而不是说视觉感觉的亲密性作用一点也不像嗅觉那么明显：这是因为视觉是客观外部信息的一个如此显著的来源，以至于视觉与其他低级感官之间的相似性常常被忽视了。

柏拉图在“高级的”视觉和听觉与“低级的”嗅觉、味觉和触觉之间做了明确区分，将前者提升到朝向理性知识唯一通道的地位：“神为我们设计了视力的天赋，因此我们可以观察到那些在天堂中被理性所描述的运动，并将其应用于我们自己心智的运动……并且这种优越性同样也适用于声音和听觉。”[53] 柏拉图意识到，像其他感官一样，视觉和听觉也能激起所谓纯粹感觉水平上的“非理性快乐”（irrational pleasure）。但要让自己受感觉支配，那它对拥有良好品味和美德的人在道德上是令人讨厌的。

当古典希腊的观点在文艺复兴初期传到欧洲时，这个柏拉图式偏见再次受到援引。例如薄伽丘（Boccaccio）写道，乔托（Giotto）“让淹没于那些人——他们的绘画是为了取悦无知者的眼球而非满足智者的理智——的错误之下几个世纪的艺术重见天日”。[54]

两百年后，描绘了五种感官的克卢尼市的独角兽挂毯触击了同样的道德立场。正如我早先提到的，前五幅画面赞美了感官愉悦。但我没有提及的是，在第六幅画中，与独角兽一起的女子将项链放回珠宝盒中，而帐篷顶部的篷布上写着“A mon seul désir”——“以我唯一的训谕”。就像一个虔诚的柏拉图主义者，她说道，为了不遮蔽她的理性心智，她将放弃感觉的诱人之乐。[55]

可是，正如罗马诗人贺拉斯（Horace）所写，江山易改，本性难移（you can drive out nature with a pitchfork, and she will always return）。在艺术和诗歌中，人们因感觉而感到快乐完全转到了秘密状态，而在

18 和 19 世纪它们带着新的拥护者归来。为英国浪漫主义运动代言的华兹华斯，完全蔑视那些贬低感官亲密享受的人。

起来！朋友，把书本丢掉，
当心会驼背弯腰；
起来！朋友，且开颜欢笑， 63
凭什么自寻苦恼？
春天树林里的律动，胜过
一切圣贤的教导，
它能指引你识别善恶，
点拨你做人之道。

……
眼睛——它不能选择却可以看
我们无法清净耳根；
我们的身体感觉，无论他们在何处
都逆着或顺着我们的意愿。[56]

英国画家威廉·特纳（William Turner）和之后法国的印象派画家，都受邀去画“不是任何不由目睹得来的东西”，并且开始通过创造那些不仅不让步于知觉而且实际上往往违背知觉的画，来刻意地满足视觉感觉的需要。例如，在特纳后期的风景画中，艺术家让光本身成为他们绘画的主题，将到达他视网膜的遍洒的颜色以夸张的笔触在画布上表现出来。陆地、海洋、船只、家畜都失去了清晰轮廓——以至于我们现在注视他的画作时所体验到的并不是外部物体的形象，而仅仅是光线的亲抚。

本着同样的精神，克劳德·莫奈（Claude Monet）可以画出 20 多幅不同的、从几乎是同一个角度但在不同的光线和天气条件下看到的鲁昂大教堂（Rouen Cathedral）的画。每幅画中知觉的对象都保持不变

（“看透”变幻莫测刺激的能力是知觉的主要成就之一）；但在每种情况下，这种感觉却惊人地不同。

约翰·康斯特布尔（John Constable）指责特纳“在着色的蒸汽中”（in tinted steam）绘画；另外有人说他的风景画“无物之象却非常像”。[57] 但特纳和莫奈差不多一直在遵循伊曼努尔·康德（Immanuel Kant）在《判断力批判》（*Critique of Judgement*）中的建议：“既然问题在于某物是否美丽，那么我们并不想知道这件事的实存对我们或对任何人是否有重要性，而只想知道我们在单纯的观赏中（在直观或反思中）如何评价它。”[58] 通过有意地抑制物体的存在，他们帮助观看者达到一个视觉观赏的状态。

64 保罗·塞尚（Paul Cézanne）认为过于关心“物体存在”的人可能会完全错失感觉。关于一个驾车送他去市场的农夫，他写道：“他从未看到我们称之为看（seeing）的东西；他从未看到过圣维克多山（Sainte Victoire）。他知道沿途种着什么，知道明天的天气会怎样，知道圣维克多山是否笼罩在云雾中……但树是绿色的，这个绿色是一棵树，土壤是红色的，这个红色的碎石和巨石是岗峦，事实上我不相信他感受到那些。”[59]

就如一个品酒师会暂时把他味觉刺激上的享受搁置一边，以便集中注意酒的成分是什么，因此，当令他关心的事情完全是外在的物质世界中存在什么东西时，他们便不会注意到光的美。

但出于生物学原因的好意，我们中大多数人的大部分时间都处于与那个农夫一样的状况。而且正如威廉·布莱克（William Blake）提出的，要“净化知觉之门”，这要求我们不要卷入实在，但不太容易。华兹华斯建议安静地顺从。另一些人，尤其是宗教神秘主义者，采用沉思练习。但更快或许也更有效（并且肯定更让理性主义者不安）的方法是使用迷幻剂。

奥尔德斯·赫胥黎（Aldous Huxley）用莫斯卡灵（迷幻药）来描述他自己的实验：“当感觉材料没有立即地、自动地从属于概念时，视觉印象大大地增强了，眼睛会恢复一些童年时的纯真无邪的知觉……例如，那些排在我书房墙边的书。当我注视它们时，它们像花朵一样，绽放出更明亮的色彩，获得更深远的意义。红色的书，像红宝石一般；翡翠色的书；掺杂着白玉色的书；玛瑙般的书；蓝宝石般的书；黄玉般的书……平常，眼睛使自己关注这样一类问题，诸如哪里？多远？如何定位事物？在莫斯卡灵体验中，应用于眼睛做出反应的问题是另一种秩序。地点和距离不再那么重要。心智根据存在的强度进行知觉……直到今天早上我还只是以其较低级的、更一般的形式来认识凝神（contemplation），但现在我已经认识到处于其顶点的凝神。”[60]

担心人们在狂喜状态下的报告不值得信任，下面有一个可比较的描 65
述，来自一个服用了LSD的女人：“在实验开始大约45分钟后，一种不同的意识品质一拥而上。并没有什么东西明确地改变了，但房间却突然变形了。所有物体都以一种令人吃惊的方式在空间中站出来，并且似乎是发光的。我能觉知到物体之间的空间，它们是纯粹的振荡晶体。所有一切都是美丽的……我说‘这是多么可爱啊，但我无法解释为什么。关于它有一种神圣的平凡，可是它完全不同。”[61]

两者正在描述的东西是视觉感觉的加剧和知觉的不可抗拒：悖谬的是，当这个天赐的外向的视力因化学物质被推到第二位时，就会获得一种半神秘的体验。

66 # 8 穿梭的视觉

想象一下有人用羽毛在你的背部写字，并在知觉所写东西的时候，比较一下单纯品味触觉刺激像什么。再想象一下你在听《月光曲》（Moonlight Sonata），并在辨别演奏者是里希特（Richter）还是塞尔金（Serkin）的时候，比较一下沉浸于这个音乐。问一位专业品酒师是否真的喜欢刚被他确认为 1970 年酿造的拉菲（Lafite），他很有可能说不上来。

感觉和知觉确实涉及注意的不同种类或心智的不同态度。几年前我用恒河猴开展了一系列实验，这些实验意外地为它们如何在感觉与知觉之间进行转换提供了证明。[62]

这些实验最初是研究猴子对有色光的情感反应。我把每只猴子分别放在一个黑暗的检测室，每个房间的一端有一个屏幕，可以放映两个可供选择的幻灯片中的一张。猴子可以通过按压按钮来控制幻灯片的呈现，每按一下固定的次序产生一张幻灯片。因此当它喜欢它所看到的图片，它可以一直按着这个按钮，但如果它想改变，它可以松开按钮然后再按。

为了测试猴子的“颜色偏好”，我让它们在两个亮度相同的、无特征的有色光区域中进行选择。结果是，所有被测试的 8 只猴子都表现出了强烈和一致的偏好。例如，当给出一个红色与蓝色之间的选择时，它们花在与蓝色一起的时间是花在与红色一起的三或四倍。在光谱上，偏好顺序依次是蓝色、绿色、黄色、橙色、红色。当每一种颜色各自与中 67
性的白色区域搭配时，红色和橙色会引起强烈的反感，而蓝色和绿色则显出柔和的吸引力。

在另一个独立的实验中，我没有给猴子一个可以改变灯光的按钮，而是让他们来回走动于两个始终亮着灯的房间。[63] 结果再一次表明，较之红色房间它们更喜欢蓝色房间。并且如果两个房间都是红色的，它们就会迅速地穿梭于两个房间之间，似乎非常不自在；而当两个房间都是蓝色的时，它们会安定下来。当它们在非常吵闹和不愉快的背景声音下进行选择时，它们对红光的不喜欢会更强烈。[64] 总之，这些猴子表现出与患小脑病的人一样的反应。

现在，基于前面的讨论，问题可能是：猴子的偏好是由感觉还是由知觉决定？是因为它们所讨厌的被置于红光下的主观体验还是因为一切都是红色的客观事实？既然对猴子而言，房间中没有什么明显的可供它们看的东西，因此几乎没有什么会吸引它们的知觉，似乎很有可能从一开始对红色的感觉就在影响着它们。但真正说服我这一点的是，当猴子有事情可看的时候出现的状况。

在它们可以通过按按钮切换幻灯片的情况下，我一开始让它们在白色区域与一张有米老鼠的“有趣”黑白动画图片中进行选择。猴子是好奇的动物，它们显示出对图片的强烈偏好一点也不奇怪。但接下来我通过红色的滤片来放映这张图片，结果它变成红—黑色的图片，里面所有的内容都被染成了红色。你可能会猜测这两个因素——即猴子对图片内容的兴趣和它们对红色的不喜欢——会相互抵消。但并不是这样，结果是，现在红光不再产生任何作用，猴子们依然热切地观看着图片，就好像它还是黑白的。

下面我们通过一些数据将对两只猴子开展的特殊实验的结果呈现如下。当选择处于无特征的红色与白色区域之间进行时，它们分别有 28% 和 29% 的时间选择红色。当在黑—白动画图片与白色区域之间进行选

68 择时，它们分别有84%和86%的时间选择图片。当在红—黑动画图片与白色区域间进行选择时，它们依然会分别有83%和86%的时间选择图片。

在进一步的实验中，我循环播放短片，以便最终让猴子发现没有任何新东西可以看。我发现一旦并且当它们对图片内容的兴趣消失后，它们就会回到强烈偏好的白色区域。对这些和其他结果进行的数学分析表明，“双因素理论”很适用于猴子的行为，在该理论中，“知觉兴趣”和“感官的愉快/不愉快”被认为是两个完全独立的变量，并且前者超过后者。

像人一样，猴子也会注意知觉或感觉，但不会轻易地同时注意两者。就像塞尚的那个农夫或那个品酒师，当他们转向知觉模式——一个异我中心的或定义性的模式——它们对外部物体存在的兴趣是占支配地位的；但当他们转回到感官模式——一个自我中心的或私密性的模式——他们对光线颜色的感受就会体现出来。

画家和评论家罗杰·弗莱（Roger Fry），在人们对画作的反应中注意到了一个非常相似的双重体验。[65]在弗莱看来，很多优秀的画作不仅在“戏剧的或心理的层面”吸引我们，同时也在“可塑的”层面吸引我们——前者是指它们的画面和所讲故事的内容，后者是指它们的美学内容完全是由颜色和形式的安排决定的。但这两个层面通常处于竞争关系，所以“我们被迫分别注意这两者……实际上情况是，我们的注意力频繁地在两者之间移动”；但当对一项工作变得熟悉时，“心理成分可以说会退居次要位置，而可塑的性质将几乎独自出现”。

我前面说过，对视觉而言，不存在品味（savoring）与嗅探（sniffing）之间区别的等价物。但实际上，对于人和猴子，它似乎都存在。而且，就人而言，我们“使用我们的眼睛”的方式至少在某种程度上是受我们自主控制的。特定的情景和情况会导致我们偏向其中的一方，尽管如此，如果我们愿意还是可以违背这个偏见。当站在莫奈画的鲁昂大教堂前时，如果我们愿意，我们可以拒绝享受视觉刺激，而代之以集中注意我们所能理解的外部物体；但同样地，当站在真正的鲁昂大教堂前，我们可以（正是因为莫奈已经帮助我们这么做了）拒绝外部物体的召唤，而代之以关注到达我们眼睛的视觉刺激。 69

但我必须小心我对例子的选择，否则会造成我不是在谈论日常体验的错误印象。事实上以这两种方式，我们可以而且确实看见了所有东西。适合于大教堂也适合于我桌上的黄色铅笔。我可以将它表征为笔或者一束到达我视网膜的光线（并且如果我把它放得离我太近，我发现自己体验到两倍的视网膜刺激，而我从来不会怀疑只存在一支客观的铅笔）。

要随意转换视觉模式需要一定的练习。它并不总是容易的，正如里德所说："归属于一个的不属于另一个。"但它可以做到——幸好如此，因为下面几章的讨论将依赖它。

70

9 “那一定看起来很古怪”

后面几章将处理相对技术性的问题，因此在开始讲这些之前，我应该解释一下为什么忧虑那些可能会被认为更适合感官心理学教科书中的问题是恰当的。

约翰·洛克（John Locke）在其著作《人类理解论》（*Essay Concerning Human Understanding*）中写道：“让任何人考察他自己的思想，并且彻底调查他的理解，然后让他告诉我，他具有的所有最初的观念是否不是其感官对象的观念，或者不是被视为其反思对象的心智活动的观念。”[66]

正如洛克认识的那样，感官几乎就是心智的门窗，所有的新信息都通过它得以传递；以至于我们头脑中的思想、观点、概念最初无一不是源于我们对影响我们身体表面刺激的体验。但对于人和动物究竟如何解释表面刺激的问题——即他们如何处理位于“我”与“非我”之间边界的问题——一直存在惊人的争议。

感觉与知觉真的不同吗？如果是，那么它们如何不同呢？现在，当我注视一块颜色，或闻一朵玫瑰花，或感受疼痛，在这些情况下，是否真如里德（还有我）所主张的，确实发生了两件事情？还是只有一件事情？如果可以以我们自己的例子来回答这个问题，那么其他动物的情况又如何呢？成为一只通过空间的回声进行定位的蝙蝠会是什么样子？或

成为一只通过磁场感应进行导航的鸽子会是什么样子？或者，就此而
言，成为一个以人造感官和电子计算机作为其脑的机械机器人会是什么
样子？是否存在这样的动物或机器，它们只有感觉而没有知觉……或者
只有知觉而没有感觉……或者相同的知觉伴随不同的感觉？如果这些情 71
况真的发生了，我们如何能知道？这些问题直接把我们引向了明显的个
人体验的私密性，以及著名的“他心”问题。我的疼痛像你的吗？我究
竟如何知道你感到疼痛？

如果意识这条鱼潜伏在某处，那么它无疑是在河里。但其之所以尚未被抓到的原因至少部分是因为理论家过快地认为他们先验地（a priori）知道感官体验实际上是什么。正如伯特兰·罗素（Bertrand Russell）在他的《数理哲学导论》（*Introduction to Mathematical Philosophy*）中讽刺地写道：“这个‘假定’我们想要什么的方法有很多好处；恰如盗窃对诚实劳作的好处。”[67]

一个声名狼藉的“思想实验”能用来说明什么濒于险境。

“逆频谱”

想象一种颜色负片（color negative），其中绿色的东西是红色的，蓝色的东西是黄色的，等等——草看上去是血的颜色，成熟的番茄看上去像没有成熟的，金盏花看上去是紫罗兰的颜色。假设有一种眼镜，你戴上之后，到达你眼睛的光会产生“色谱翻转”（color spectrum inversion），以至于视网膜上图像的颜色刚好以这种方式被调换。戴着这种眼镜会产生什么短期和长期后果呢？

假如一个人承认感觉与知觉之间的区别，必定会发生的事情就很明显。当你第一次戴上这种眼镜，你的感觉和知觉都会改变：当你看着一个成熟的番茄时你会有绿色的感觉，同样的，你会知觉到番茄的颜色是绿色的——以至于你会称其为“绿色”，而且实际上你很可能会误认为它是没有成熟的。的确，像个诗人一样，如果你想要“一个绿荫下的绿

色想法”，你现在可能会选择坐在一间红色房间里而非绿色院子里。

然而，从长远来看，你的体验大概会发生改变。既然当红光照到你
72 的眼镜上时到达你视网膜的光线不是红色的而是绿色的，那么就没有理由假定你的感觉会回到它原来的样子，并且你对某些绿色的东西发生在你身上的评估也始终保持有效。另一方面，因为每当你弄错外部物体的颜色时你总是根据事件去纠正它，所以有充分理由假定你的知觉最终会回归正常。因此，尽管你的感觉被转变了，你关于有色物体的语言和客观判断可能很快就会回归它们先前的样子。然而，需要注意的是，如果情感反应主要是受感觉影响，那么你仍然会偏爱红色房间而不是绿色花园——只是现在你可能会说你正在寻找“一个红荫下的红色想法”。

这个颜色翻转的实验从未做过，实践的限制很有可能意味着它将永远无法进行。但是这个思想实验的各种版本已经受到哲学家的普遍讨论。洛克从考虑这个实验的可能性开始，不是针对可能戴上颜色翻转眼镜的单个个体，而是不同的个体可能一出生其眼睛的结构就各不相同，以至于尽管他们始终有不同的颜色感觉，但他们会逐渐做出正确的知觉判断：

“如果通过我们器官的不同结构，它被如此安排，以至于同一个物体应该会同时在几个人的心智中产生不同的观念；例如，如果一个人通过眼睛在其心智中产生的紫罗兰的观念与在另一个人心智中产生的金盏菊的观念相同，并且反之亦然……那么他就能够有规律地通过这些显象（appearance）在使用中区分事物，以及理解和表示那些区分，通过蓝色、黄色的名称来标记它们，好像接收自这两朵花的显象或观念与他人心智中的观念完全相同。”[68]

通过以不同的个体而非以单个经历变化的个体为例，洛克提出了这个诱人的可能性，即“这将永远不可知：因为一个人的心智不能进入另一个人的身体去知觉由那些器官产生的显象”。

的确，自洛克以来，哲学家一直强烈地想知道人类物种的不同成员实际上对颜色的体验是否确实不同，但无人知道。维特根斯坦在《哲

学研究》(*Philosophical Investigations*)中写道:“因此这个假设是可能
的——尽管无从证实——即人类的一部分人对红有一种感觉而另一部分 73
人却有另一种感觉。”[69]

但“这永远都不可能被知道”以及“它是无法证实的”——情况真的如此吗?当然,只要对有色光的感觉对一个人的行为方式没有影响,那么它就是真的。在前几章中我一直认为情况恰恰相反:感觉至关重要,而且尤其是,感觉与情感之间几乎肯定有着非随意的联系。

在其生涯的早期阶段,维特根斯坦本人也提出这种可能性,即情感反应会使真相大白。这里他考虑一种情形,在这个情形中,一个单独的个体醒来发现他的颜色体验改变了(就好像他在前一晚上被人装上了颜色翻转眼镜,但自己却没有认识到):“考虑这种情况——某人说‘我无法理解它,我今天看到的所有红色的东西都是蓝色的,而所有蓝色的东西都是红色的。’我们回答道‘那一定看起来很古怪!’他说确实是这样,例如,他会继续说炽热的煤看上去多么冷,晴朗的(蓝色的)天空看上去多么温暖。我认为在这些情况或相似的情况下,我们会倾向于说,他看上去是红色的东西我们看上去是蓝色的。”[70]

现在,如果我所提出的想法成立,那么这个男人差不多肯定会继续做出这些异乎寻常的判断,即蓝光是温暖的而红光是寒冷的,即使在他已经回到可以正确使用颜色的名称之后。因此,至少对他而言,他有不同感觉的假设对外部观察者而言将永远不会变得无法证实,即使他本人会忘记他的体验过去是什么。对于那些生来就有“颜色翻转眼睛”(color-inverted eyes)的人,我不明白为什么相同的考虑会不适用。

诚然,这还是回避了一个人的体验的有意识品质的问题。并且在具有一个感觉与一个特定情感基调之间以及在具有一个感觉与具有有意识感受像是什么(what-it’s-like-to-have-it conscious feel)之间还没有任何必然的联系。我相信存在这样一种联系:的确,具有我们在意的感觉是具有我们意识到的体验的不可或缺的一部分。但首先必不可少的是要确立,感觉值得慎重对待。

为此我们必须离开思想实验而回到现实世界。丹尼斯·狄德罗（Denis Diderot）写道：“很不幸的是，咨询自己要比咨询自然更简单而
74 且更快速……我们必须区分两种哲学，实验的与基于推理的……基于推理的哲学，发表声明而中途停止。它大胆地宣称：‘光是不可被分解的’。实验哲学得知后，经过整整几百年的默默研究后，突然产生出棱镜，并说道：‘光是可以被分解的’。”[71]

事实上还是有一些哲学家会孤注一掷地认为感官体验不能被分解为感觉和知觉，而有的人则认为显然可以。解决这一问题所需要的正是实验棱镜的等价物。

10　一些新安排 75

“你已经老啦，威廉爸爸，”年轻人说道，
“你头上长满了白发；
可你老是头朝下倒立着，
像你这把年纪，这合适吗？”

“当我年轻的时候，”威廉爸爸回答儿子，
“我怕这样会损坏脑子；
现在我脑袋已经空啦，
所以就这样玩个不止。”[72]

路易斯·卡罗尔（Lewis Carroll）在《爱丽丝漫游仙境》（*Alice in Wonderland*）中嘲笑罗伯特·骚塞（Robert Southey），而罗伯特·骚塞在其诗《威廉爸爸》（Father William）中则取笑感觉的老前辈（doyen）威廉·华兹华斯。若是他知道的话，他也是在暗示一个感官重置（sensory rearrangement）中的重要实验。

作为接下来讨论的参照点，现在请允许我重新回顾一下说明感觉与知觉如何假定地联系在一起的图解，并针对视觉特别做了改编。

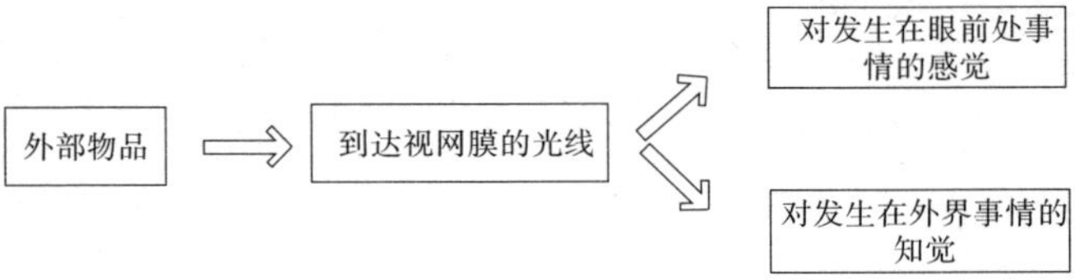

76 颠倒的视觉

尝试着将头置于两条腿中间去看这个世界。如果你注意视觉感觉，你将发现很明显你视网膜上的图像现在已经颠倒了：之前呈现在靠近眼窝上方的那部分图像现在已在底端，接近右边的那部分现在靠近左边，等等。如果无论怎样（正如可能更自然的那样）你注意知觉，你将发现关于外部世界的一切仍然如故：天花板仍被感知为处于地面之上，一本书的文字仍然从左往右读，等等。通过尝试指出环境中的事物，你能够轻松地检查自己依然准确的知觉：你会发现你毫无困难——尽管你会注意到当你指向一个其图像原本呈现于靠近你眼睛上端位置的物体时，你现在会指向一个不同于先前的方向。

对此，并不存在什么令人惊奇并引起争议的事情。它所展示的是，尽管你完全依赖视网膜图像以便形成一个“眼中发生了什么”的表征，但你能够，而且事实上一定，额外解释你的头在空间中的方向以便形成“发生在外界的事情”的知觉表征。但这仍旧阐明了一个重要的事实，即不同的视觉感觉（正向的或上下颠倒的图像）确实与相同的知觉（一个正向的世界）关联——只要你脑中的知觉机制获悉了当前的处境，它便能做出必要的调整。

然而，假设视网膜像的方向发生了变化而你头的方向没有发生变化，因此你脑中的知觉机制未被告知。尤其，假设你在眼前佩戴特殊的“上下翻转眼镜”，所以即使你自己依然正立，你的视网膜像却永久地反向了。在这种情况下，知觉机制并未考虑到这个视网膜像的转变，因此——至少最初——你既看到意象是相反朝向的（它原本如此），也看 77
到外部世界也是相反朝向的（它原本并不如此）。因此你必然会犯知觉错误——当你应该往下指向一个物体时，你却向上指，并将“上”称为“下”，等等。

长时间佩戴这种眼镜会有什么影响？至少原则上，这种情况与颜色倒转的思想实验的情况类似。既然你对意象已经在你视网膜上倒转的评估始终是完全正确的，因此没有理由假定你的感觉会回到它原来的样子。另一方面，既然无论何时当你指错方向时，你都会突然停住，因此又完全有理由假定你的知觉最终将会经历某种重新调整。因此我们可能会期望知觉机制实际上会根据新的情况“重新校准”（recalibrated），以便它再次给你一个物体在空间中位置的有效图像。

事实上一百年来，实践中已经尝试过好几次倒转眼镜的实验，被试持续佩戴这种眼镜达一个月之久。鉴于让人们在一个颠倒的世界里从事日常事务的方法论问题，不同研究的结果并不完全一致不足为奇。对内省报告的解释也存在诸多问题，例如当他们说，对他们而言“事物看起来”的方式（知觉或感觉？）改变了或是没有改变。

尽管如此，20 世纪 60 年代在因斯布鲁克（Innsbruck）进行的一系列研究中，科勒（I. Kohler）找到了明确证据，即一个被试佩戴反相眼镜仅两周以后，他几乎确实完成了知觉的重新调整：例如，眼镜的佩戴者能骑自行车或接住球，以及通常与外部世界相联系的程度，就好像他能再一次用正确的方式来知觉这个世界。当眼镜被拿走后，被试反而会在指向相反方向时出错。在一次实验中科勒使用了半块镜片，以至于当佩戴者向上看时，意象会倒转；但在他向下看时却是正常的，实验结果发现被试最后也能适应，例如他能学着去考虑他注视的方向。[73]

但如果知觉适应了，感觉会发生什么？罗伯特·韦尔奇（Robert 78
Welch）在一本名为《知觉修正》（*Perceptual Modification*）[74] 的书中对科勒的实验和其他实验结果进行了评论。在这本书中他试图仔细区分发生在他称之为“自我中心”（感觉）水平的变化与“环境”（知觉）水平的变化。韦尔奇的结论是，甚至当知觉的重新调整已经完成，感觉也没有明显地做出相应的调整。正如他所说的，“关键的内省”（critical introspection）表明，较之它原来的样子，视网膜像仍然继续着错误的方式。相应地，当被试摘下眼镜后，即使他们犯了知觉错误（perceptual errors），但他们报告说感官体验已经回到“熟悉的”状况。

因此似乎毫无疑问，感觉与知觉之间被预测的分离能够发生，不仅是发生在思想实验中，也能发生在现实生活中。下一个例子能更有力地证明这一点。

皮肤视觉

鉴于人的视网膜在演化过程中是作为皮肤的一部分开始的，也许可以说：我们现在都具有皮肤视觉（skin-vision）[同样可以说皮肤味觉（skin-taste）、皮肤嗅觉（skin-smell）、皮肤听觉（skin-hearing）]。之前我力推人类和其他动物对“光的触摸”反应的隐喻。可是显然存在“皮肤”与“皮肤”之间的区别：即已经转化为光敏视网膜的皮肤与朴实无华的旧皮肤。常识告诉我们没有人能用他后背的皮肤去看东西。

有两个显而易见的问题：首先，人类后背的皮肤缺少光感受器；其次，即使拥有光感受器，它依然缺少任何形式的成像机制——因此它能够检测到的只能是一般水平的亮度。然而，假定这两个问题都能被解决。设想用一个人工晶状体使光成像，然后这幅图像被转换成皮肤对之敏感的刺激形式，诸如振动。通过长期的训练，难道不可能使到达皮肤的信息足以提供一个用于识别这个光在外部世界意味着什么的基础吗？
79 此外，这对于盲人和正常人来说是否一样起作用？

在20世纪60年代末期，保罗·巴赫伊丽塔（Paul Bach-y-Rita）及其同事在史密斯·凯托维尔研究所（Smith Kettlewell Institute）开展基于这个推论的有关“感官替代装置”（sensory substitution apparatus）的实验。[75]他们所做的是给被试提供一个连接到他头部的微型电视摄像机，它的电子图像不是传到电视屏幕上，而是传送到与背部皮肤相连的一个振动矩阵上。在一个 20×20 的矩阵内有 400 个振动器，覆盖了一块面积为 10 平方英寸的皮肤。因此皮肤上每个受刺激的点都代表了被照相机捕获的图像上的一个小区域，很像一张报纸上的照片通过大量的点来代表一个场景。被试能够通过移动他的头来指挥摄像机，就好像在移动他自己的眼睛。

结果超过了所有人的预期。经过仅数个小时的训练，盲人被试就学会了识别一些常见的物体，例如电话、水杯、玩具马。很快，他们就能够准确地指出空间中的物体，并判断它们的距离和绝对大小（独立于距离）。大约 30 个小时的训练后，他们能识别复杂的图案，并且一些被试甚至学会了辨认实验室工作人员的脸。巴赫伊丽塔援引了一个经验丰富的、参加用摄像机探索视觉场景实验的被试的话："那是贝蒂；她今天披着头发并且没有戴眼镜；她张着嘴，并且正把她的右手从左侧移到脑后。"

也许最引人注目的是有关空间知觉的证据。通过利用图像中关于透视和视差的信息，盲人被试仿佛置身于一个稳定的三维世界中去知觉外部世界。不像我们有着正常视觉的人能定位那些对着我们视网膜平躺的对象，他们没有将物体定位成与他们的皮肤相对而立——正如视觉正常的我们没有将物体定位成与我们眼睛的视网膜相对而立——而是立即将它们知觉为外在于空间中。

巴赫伊丽塔毫无不安地说他的盲人被试获得了视觉知觉："如果一个丧失眼睛功能的被试能知觉空间中的详细信息，在主观上正确定位它，并以一个与拥有正常视力的人相差无几的方式做出反应，那么我觉得可以合理地使用'视觉'这个术语。"

我赞同巴赫伊丽塔的观点。但关于感觉呢？由于现代心理学的偏 80
见，巴赫伊丽塔事实上几乎没有提及感觉。尽管如此这却是一个鲜明及有趣的问题：当一个盲人用他后背的皮肤去看时，他是否体验了视觉或触觉的感觉？大概在尝试这个设备的最初几分钟，他一定有触觉感觉，即他自己被触摸的感觉，因为还不存在为什么他的体验应该与你的或我的不同的理由。但当他学着将触觉刺激解释为视觉的知觉印象时，我认为可以想象的是，他开始有了就好像光到达他的视网膜的感觉，换言之，即对光明和黑暗的视觉感觉。

我认识一位聪明的哲学家，在他第一次尝试将自己想象成盲人时会说："是的，当然他的感觉是视觉的。"但这确实是反直觉的。无论被试知觉上怎样理解刺激，事实依然是，他并不是被他视网膜上的光刺激的，他是被后背皮肤上的机械振动刺激的。就感觉是对"发生在我身上的事情"的表征而言，当"发生在我身上的事情"仍然是最初感受为触觉刺激的东西时，无论如何都不存在为什么它的品质应该改变的理由。

然而，还有另一种可能性，就是被试可能根本没有感觉。因为他可能如此专注于知觉外部世界的任务，以至于他完全转换到知觉模式而彻底无视感觉。

但是当我们应该具有活生生的人的证据时，我却讨论这个问题好像它是一个思想实验。而尽管巴赫伊丽塔在这一问题上相对沉默，却不是完全沉默。他在《感官替代》（*Sensory Substitution*）一书中写道："即使是在任务执行的过程中……当要求被试全神贯注于这些感觉时，他还是能知觉到纯粹的触觉感觉。"然而，"除非专门问他们，否则经验丰富的被试不会注意对后背皮肤上的刺激感觉，尽管这能在回顾中回忆和体验。

因此似乎大部分时间内被试确实没有意识到在他身上发生了什么；但如果他提醒自己在感觉层面上的感受是怎样的，他的体验毫不含糊是触觉的。

81 总之，我们有着两种对比鲜明的情形——正常视觉和皮肤视觉：

正常视觉

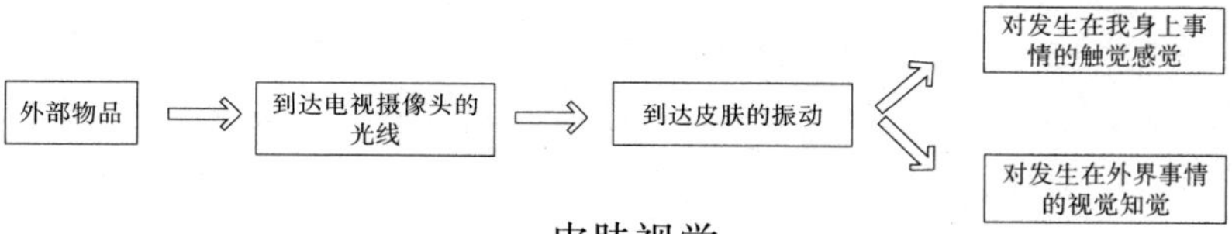

皮肤视觉

这个情节（plot）变得复杂了。当一个人考虑如果或在感觉或在知觉中存在选择性的崩溃可能会发生什么的时候，情节还会变得更复杂。

82 # 11 心智盲和盲的心智

进入兔子洞，将贴有“喝我”标签的瓶子中的液体一饮而尽，将贴有“吃我”标签的盒子中的蛋糕一扫而空后，仙境中的爱丽丝开始体验各种奇怪的症状。刹那间她似乎变小了，而下一刻她又像展开的望远镜一样变大了。她发现了一把金钥匙，并用它打开了一扇通向花园的门，花园里没有一件东西是看上去那么简单的。那儿有一只消失后只留下笑脸的柴郡猫。“哎哟，我常常看见没有笑脸的猫，”爱丽丝想，“可是还从没见过没有猫的笑脸呢。这是我见过的最奇怪的事儿了！”[76]

我只能假设路易斯·卡罗尔再次预期了我的论证，并暗示了感觉与知觉之间病理性分离的可能性。没有猫的笑脸——没有感觉的知觉？——真的是一个非常奇怪的现象。但首先请允许我考虑没有笑脸的猫。

不好的知觉 / 良好的感觉

对于知觉如何能在尽管感觉给出正确答案的情况下给出错误答案，我们已经有了充分的证据。当一个人第一次佩戴反相眼镜时，他的知觉完全是错误的（他看到的外部世界是上下颠倒的），当一个人第一次尝试皮肤视觉装置时，他的知觉是完全缺失的（他根本无法感知世界），
83 然而两种情况下他的感觉都没有任何差错。在每种情况下知觉都必须通

过学习来修正。但如果知觉能通过体验获得或改变，那么它也极有可能会受脑部疾病的危害。

“心智盲”（mind-blindness）或“视觉失认症”（visual agnosia）实际上是有据可查的大脑联合皮层受损的结果。[“失认症”，一个弗洛伊德杜撰的术语，其字面意思就是“不认识”（not-knowing），但其含义现已变成了特指在感觉相对未受影响的同时知觉某些方面的缺失]

麦克唐纳·克里奇利（Macdonald Critchley）描述了一个典型的案例：“一个60岁的男人一觉醒来，虽然衣服已经叠好放在他旁边，但他却无法找到自己的衣服了。一旦他的妻子把衣服递给他，他就能认出它们，然后自己得体地穿上出门去。在大街上他发现自己无法认出他人——甚至不能认出自己的女儿。他能够看见东西，但说不出它们是什么……从心理学角度而言，他完全清醒且能正常地确定方向。智力甚至高于平均水平。”在这个患者身上，“没有心理状态（mentation）的扰乱，并且传统的感官－生理检查也没有发现任何异常”；尽管如此，“在大件物体中，他只能认出一瓶酒。”所发生的事情是，夜间他遭受的轻度中风损害了他的顶叶皮层。结果是他较高级的知觉能力出现了缺陷，但同时感觉却几乎毫无影响。[77]

在这个案例中，失认症扩展到知觉的许多方面。但在其他案例中，失认症被证明是非常特定的。被描述的患者无法感知形状、运动、空间位置、颜色；或者无法辨认特定种类的对象，例如脸部、蔬菜、乐器。但他们始终会说自己的感觉相当正常——没有什么东西看上去会与它以前的方式有任何不同。

“颜色失认症”（color agnosia）是一种特定的识别外部物体颜色困难的症状。许多年前我曾在牛津大学调查过一个这种类型的案例。[78]这个女患者以为她看到的颜色与以前的一样。当用在一个有色背景上显示有色图案的板子对她进行色盲测试时，她被证实有正常的颜色敏感性，能很好地甄别彩色光盘并对其进行归类。此外当被问到“香蕉是什么颜色的？”“邮筒是什么颜色的？”诸如此类的问题时，每次她都能正确

84 回答。然而，当给她看各种彩色的纸，并问她看到的是什么颜色时，她会出现匪夷所思的错误：当给她看一张蓝色纸时，她会回答说是“红色”；给她看绿色纸时她会回答“介于红色与橙色之间”，给她看黄色纸时，她会回答“蓝色”。可是，她一再说自己的颜色视觉的品质根本没有改变——并且事实上她一直感到惊讶的是我们对她这方面的状况感兴趣。

成为失认的情况像是什么？我认为，任何听到别人说外语却不理解这声音代表什么意思的人都明白，这就像是患了“听觉失认症”（auditory agnosia）。当我们看着画谜并且一开始无法认出它们时，我们中的大多数人都至少体验了一次短暂的“视觉物体失认症”（visual object agnosia）；或者当我们戴上立体镜并且起初没有看 3D 屏幕时，我们体验了一次“视觉深度失认症”（visual depth agnosia）。

当一个人希望去理解某些事物却发现自己无能为力时，他理所当然会困惑、恼怒。但除此之外有趣的是，患者自己并不认为他们的体验有那么怪异。而事实的确是它并非都那么怪异。患者仍可以“看”，只是看得不是那么好；而事实上通常是，患者相信他唯一的问题就是需要换一副眼镜。

失认症本身是吸引人的，并且是关心知觉机制的心理学家极为感兴趣的。但我要强调的是，认为患者的体验完全不同于我们自己已知的任何事情将会是错误的。我之所以提及这个，是因为我现在想将它与对应的感觉发生了障碍而知觉却完好无损的失认症进行对比。

不好的感觉 / 良好的知觉

如果两条平行通道的方案多少有点正确，那么感觉缺席而知觉继续的可能性显然是有的。但与失认症不同，这是一种大多数人在自己的体验中没有明显模型的情况。想象听某人说话并且发现你能理解他的意
85 思，但觉知不到任何声音到达你的耳朵，或者看一张图片并且明白它表

征什么，但却觉知不到你的眼睛接收的任何视觉图像。

在通常的体验中，我们中的绝大多数人所拥有的与之最接近的可能就是“阈下知觉”（subliminal perception）。当一个感官刺激太快或太弱以至于我们无法将其记录为感官事件时，它就被称为是“阈下的”；即便如此，当我们发现自己至少已经部分地对此刺激付诸了一个知觉解释时，“阈下知觉”就是所发生的东西。

例如，我们也许正沿街而行，并且无意中听到一阵谈话或瞥见眼角外的一些东西——就我们知道的确觉知到它而言，只是发现有一个显然不知从何而来的念头在脑中徘徊。詹姆斯·阿尔科克（James Alcock）以其自身体验给我们提供了一个很好的例子：“我站在电影院里等待着购买爆米花，无所事事地回想起曾经与一位同事的兄弟的对话……几分钟后我环顾四周，发现 30 英尺远的地方正站着那个男子。我还能想起我感到震惊的那一瞬间的感觉。”[79] 阿尔科克指出，如果他对他的体验没有重新分析过，那么他可能会受到诱惑而把这种巧合归因于超感官的知觉。而这种体验确实会被轻易地认为是超常的。

阈下知觉长期未受到心理学家的重视，但实验证据的累积说明这是一个真实的现象。在视觉领域里，最佳的证据来自“后向掩蔽”（backward masking）的研究。[80] 如果一个图案在屏幕上闪烁约 100 毫秒，我们就能看到它并报告一些细节；但如果同一个图案呈现后，后面紧跟着另一个持续时间更长的图案，（在条件适当调整的情况下）被试将完全看不到第一个图案——好像它从未出现过。然而，第一个图案可能仍然影响他对第二个图案的知觉。例如，在伊戈尔（M. Eagle）所做的一个实验中，[81] 第二个图案是一位莫可名状的年轻男人的图片，而第一张图片则是同一个男人挥舞着一把刀，或是拿着一个生日蛋糕。要求被试回答他们怎样看待第二幅图片中男人的性格，即使他们完全没有觉知到第一幅图片的出现，但他们还是会根据第一幅图片所描绘的性格来对第二幅图片中的人进行判断。

诸如此类的研究结果暗示——在无可否认的、人为的条件下——尽

86 管事实是被试没有觉知接收了刺激并且在感觉层面对此一无所知，但高层次的知觉加工确实能够发生。当然这种现象与感觉完全崩溃但知觉相对未受损的情况还差得很远——这种类型可能是患了与失认症相反的慢性病，他们的感觉通道因为脑损伤而完全残废了。

再次想象它将会是什么样的可能卓有成效。如果——转向日常世界——你发现自己能回答关于“在外界发生了什么”的问题但却无法回答“在我身上发生了什么”的问题时，那么它将如何冲击你？第一个回答大概是，它将这样冲击你：换言之，你会发现基于到达你身体表面的刺激，你能够对外部世界做出准确的判断，但却觉知不到这样的刺激正在发生。但，与一个失认症患者相比，你无疑会认为某些怪异的事情在发生。的确你有可能宣称无论你做出怎样的知觉判断，它们都“与你无关”——因此你可能会不情愿去做这些判断。

在20世纪70年代初期，劳伦斯·魏斯克兰茨（Lawrence Weiskrantz）发现了一种可以用来例证这种状态的临床综合症。[82] 这种现象现在被称为“盲视”（blindsight），它发生在脑后方初级视皮层大面积受损的特定人群中。他们很大一部分视野是“盲的”：就“盲的”意思而言，他们根本不承认视野的这一部分存在。他们说自己对盲区中的亮或暗或颜色没有任何感觉，就好像视网膜相应的部分消失了，而光线的刺激根本就不能影响它们。可是特定的知觉能力依然完好无损。如果患者能被说服无视在感觉水平上对他而言显然没有什么事情发生这个事实，并且对外部世界进行猜测，那么他能够做得出人意料的好（尽管绝不是完美的）。如果让他伸手去够一个对象，他将指向正确的方向。除此之外，如果用不同形状的物体对他进行测试，他的手会以预期握住它的样子而摆出正确的形状（试着自己做，并注意你的手指在拿到物体之前是如何调整自己从而适应对象）。如果让他口头报告一个对象的形
87 状是什么，他通常会失败；但如果选项限于（比如）一个O对一个X，要求他猜是哪一个，那么几次试验之后他就能够学会。

我之所以说盲视“似乎”例证了没有感觉的知觉情况是因为我不想

夸大这个案例。在盲视首次被发现时，它被认为如此惊人，以至于一些评论者（包括我）很容易就会言过其实地谈论它。所以现在请允许我先喘口气，在下一章里说一说我关于盲视的真实想法。

88 # 12　关于盲视的进一步讨论

需要讲一下的是，我对盲视有着特殊的兴趣。

在人类身上发现这一现象之前，我无意中在一只恒河猴身上发现存在非常类似的现象。[83] 这只猴子名叫海伦，是 20 世纪 60 年代魏斯克兰茨在剑桥发起的一项研究的被试。因为他研究的一部分内容涉及皮层盲，所以，魏斯克兰茨对海伦做了一个移除其几乎全部视觉皮层的外科手术。手术的结果是海伦正常的视觉能力被完全摧毁（大概除了她右眼的右上角一个很小的区域未被破坏）。一开始，这只猴子完全放弃了注视东西，仿佛她没有理由相信自己还能看见。

我那时是魏斯克兰茨实验室的一名学生，对海伦感到好奇。虽然她的视觉皮层被移除了，但脑低级视觉区仍是完好的，我认为，海伦很有可能还具备残留的她自己没有觉知到的视觉能力。我开始接手这个案例并与她合作了七年。我哄她、鼓励她。我带她玩耍，领她去实验室附近的田野里散步。我尝试了每一种说服她相信自己并没有失明的办法。慢慢地，她的确重新开始使用她的眼睛。在接下来的几年里，她的进步是如此之快以至于最终她可以在满是障碍的屋子里灵活走动，可以从地上捡起小葡萄干。她甚至可以够到并捉住一只飞过的苍蝇。她的三维空间视觉和辨别物体大小亮度的能力变得几乎完美。

89 然而，她并没有恢复辨认形状或颜色的能力；并且在其他方面，她的视力也依然有奇怪的不足。当她在屋子里东奔西跑的时候，她往往看起来与其它正常的猴子一样自信。但哪怕是最少的扰乱都会使她崩溃：比如意外的的噪音，或者甚至一个陌生人出现在房间里都足以使她回到失明混乱的状态。甚至在那么多年之后，她好像仍怀疑自己的能力——并且只能看到自己不用太努力就能看到的东西。

我在 1977 年这样描述她："她再也没有重新获得我们——你和我——称之为视力的感觉。我并不是想说海伦直到最后都没有意识到她毕竟是能用眼睛获取关于环境的信息的。我毫不怀疑她是一只聪明的猴子，随着训练的进展，她渐渐明白自己确实可以从一些地方获得'视觉'信息——并且渐渐明白她的眼睛与之有关。但我很想表明的是，即使她认识到可以用眼睛获得'视觉'信息，她也不再知道这些信息是怎么到达她那里的：如果有一粒葡萄干在她的眼前，她会知道它的位置，但因为缺少视觉感觉，她不再将它看作在那里……她通过眼睛所获得的信息是'纯知觉认识'（pure perceptual knowledge），对此她无法以视觉感觉的形式觉知到实质化的证据。海伦'仅仅知道'在地板的某某地方有一颗葡萄干……我认为，海伦身上存在的就是'盲视'…… 毫不奇怪的是，人类患者相信他纯粹是在'猜测'。毕竟，什么是'猜测'呢？钱伯斯词典（Chambers Dictionary）把它定义为一种'没有充分证据或根据的判断或意见'。"[84]

但问题是，这只有部分与人类盲视的事实吻合。首先，人类患者的视力从没有恢复到与猴子相同的程度。尽管他们能够比他们"应该"能看到的多，但仍不是很好。将魏斯克兰茨那个明星患者 D. B. 的表现和一个戴着皮肤视觉装置的盲人被试的表现进行对比是必要的：盲人被试在仅仅 1 个小时的皮肤视觉训练之后所达到的知觉能力的水平是 D. B. 从来没有接近过的。

但接下去我对盲视是"纯知觉认识"以至于这个被试"仅仅知道" 90

在他面前的是什么的描述显然与人类患者自身的描述相矛盾。当然，患者会说他们没有视觉感觉；但——确实正如阈下知觉的例子——他也会声称自己没有知觉。他从来不会说任何大意是“天啊，难道这不奇怪吗，尽管我看不到，但我就是知道那里有一个 X 形状的东西”的话。取而代之他会说：“我根本什么都不知道——但如果你告诉我我回答正确，那么我会相信你说的话。”换言之，似乎他只能间接地发现自己的能力，这几乎不是我们所期待的“纯知觉”（pure perception）。或许某人有纯知觉，但不会是“我”！

拥有盲视像是什么？我认为，阈下知觉可能看上去像超感觉力（ESP），可能盲视的体验并无不同。如果你曾经是使用齐纳卡片（Zener cards）（卡片上有圆圈、十字、星星等）的心灵感应实验——实验的任务就是猜测哪张卡片是从另一个屋子的某人那里通过心灵感应传输过来的——的被试，你就会知道这是一个多么怪异的情况。你闭上眼睛，让大脑放空，你可能会发现一个特殊图案的想法——未必是一个图像——进入你的心智，然后你就有一种冲动，例如，说出“十字”。但，如果你是像我一样的理性主义者，对于实际上声称接收到一张十字的图片，想必会觉得有点愚蠢，因为信息是以什么方式传达给你是很不清楚的（并且事实上它并没有被传达过来）。

然而在盲视的例子中，这些信息是被传达过来的：并且如果被试感到这个说“十字”的冲动，是因为他的眼睛实际上在告诉他那里有一个十字（实际上当被试看到一个十字的时候，他们很少有一个说“十字”的冲动；据我了解，所发生的是他感到一个要以适当的方式抓住它的冲动）。即使如此，通常他并不相信自己的能力，并且他也觉得有点愚蠢。就是因为这一点，某些患者还拒绝在盲视测试中与我们合作。

我刚才说这不是我们期望中的纯知觉。但什么是我们期望中的纯知
91 觉呢？假如有人拥有了这个东西，关于它，他会说什么呢？也许事实

是，纯知觉——如果它出现——永远不会确认它是什么：被试始终会怀疑正在发生的是什么，而且永远不会倾向于说“我就是知道有东西在那里”，因为没有感觉，他——“我”——不会感到他个人直接参与了认识活动。

你可以以如下方式得到对此富有想象力的理解。尝试着去环视整个屋子，然后闭上眼睛。视觉感觉自然会停止，因为不再有任何光线到达眼睛。但至少在一段时间内，视觉所获得的关于这个房间的认识会保留着。事实上，如果在闭上眼睛后不久，你伸手去拿一个物体，你不仅会朝着正确的方向，而且你的手会（不假思索地）摆出正确的形状。这不是一个你“仅仅知道”这个物体在哪里以及它是什么形状的例子，因为你如何知道对你而言是显然的。你不会发现你的能力令人惊讶。

但现在我们来想象一下下面的情况会如何。如果你一直闭着眼睛并发现你仍然拥有物体的位置和形状信息的知识（这个知识还会不断更新），仿佛你才在不久之前闭上眼睛。这将是一个真正的有关“未经感觉证实的、纯知觉认识”的例子——即“仅仅知道”的例子。或许，你现在会与猴子海伦或盲视患者的处境大致一样。而这或许的确非常令人惊讶。

为什么前一个例子平淡无奇而后一个却令人惊讶呢？答案似乎显而易见，但却有启示性。在前一个例子中，你之所以对自己的知觉判断非常自信是因为你确认自己直接参与了这个“看”的过程；但在后一个例子中，你会没有感受到自己如此参与其中的基础。

因此，盲视最终可能就是一个纯知觉认识的例子，尽管被试断言说他——“我”——根本没有以任何方式在看。因为在盲视（或阈下知觉，或就 ESP 而言）的例子中显著缺少的恰恰是通常由感觉提供的自我涉入。可能那就是为什么猴子表现出比人类恢复得更好，因为猴子很可能 92
没有人类如此精微复杂的自我概念，因此也不会因为缺乏自我涉入而如此迷失——愚蠢可能不是一种猴子所能感受到的情绪。

安东尼·马塞尔（Anthony Marcel）从另一个角度思考这个问题，他恰恰强调感觉在证明自愿动作的合理性中的相同作用。“除非人们在现象上觉知到那部分环境（即，除非他们有感觉），否则他们自己不会发起涉及那部分环境的自愿动作……就某人注意他们的行为而言，他们通常不会让自己没有理由地行动。”[85]

马塞尔尤其强调，一个盲视的人缺乏这种理由——并且不愿意表现得“不合理”。“考虑一下下面的情形，这种情形因为尚未能以任何严格的形式开展，所以只能算是一个思想实验。假设一个患有皮层盲并且单侧（视觉的一半区域）盲视的人口干舌燥，并且一杯水出现在他们的视界之内。毫无疑问，他们要么会伸出手去拿并喝掉它，要么会询问自己是否能拿。现在我们假设那杯水放置在他们的盲区内。请记住，从我们自己的工作中我们知道物体显然是能够在视觉上被充分地描述为可识别和允许适当抓握的。作为盲视患者他将会怎么做呢？他们会做出与刺激呈现在他们的视觉区域时一样的反应吗？还是他们会伸出手但不知道为什么（直到用手摸到水杯为止）？还是他们什么都不做？这里的论点就是他们什么都不做——这个结论部分是基于与这些人有关的轶事，部分是基于观察。”

问题并不是某人在这个情境中不能行动，而是他没有行动。因为一辈子（至少直到他受伤）这个患者已经习惯了由感觉“认可”（sanctioned）被知觉物体的情况下采取行动——看来本性难移啊。

当然，有时候人们也知道某些他们之前看来似乎不合理的事情事实上最终是合理的。当遇到那些机场的门时，我们可能都经历过这样一种再教育：当我们推着一个行李推车朝门走过去，我们并没有用我们“合乎情理的力”去推开它，而这时门就好像被某种神奇的力量打开了。同
93 样地，一个盲视患者也有可能学会完全地相信知觉认识——但他却没有“合乎情理的感官证据”。但机场这个例子的危险就是，某天我们推着一个行李推车朝一扇没有打开的门走去，而同样在没有感觉的权威性决定（say-so）的情况下行动也将会存在真正的危险——下一章将会讨论这种

情况。

这是一片需要导航的、有多个逆流的不明水域。不过这个论证的目标却是感觉在人类心智秩序（economy）中新的作用。感觉将此地性（here-ness）、此刻性（now-ness）、我性（me-ness）赋予对世界的体验，其中没有感觉的纯知觉是不存在的。

94

13 手中的烈焰，心智的利剑

当有人告诉亚里士多德（Aristotle）有人在背后辱骂他时，他惯常的答复是："只要我不在那里，他甚至可以打我。"他可能还会补充一句："或者，只要我'仅仅知道'它，但没有感受到它。"

现在我必须将情感反应引回到这个场景，并将这个讨论延伸至除视觉之外的感官模态。

假设壁炉里有一块炽热的木炭，我朝着它伸出手。当我的手指接近炭火时，我感受到一种自己被灼烧的感觉，并且我将外界的木炭知觉为烫的。当我把手拿开时，这种感觉（不久）就消失了，我的手指也不再疼了——尽管我依然知道这个木炭是烫的。实际上，再假设只是看着木炭。我将到达我眼睛的光线感觉为红色的，而我将外界的木炭知觉为炽热的。当我转移目光或闭上眼睛时，视觉感觉消失了，而对这个炽热的红色感觉的任何愉快反应都终止了，尽管我依然知道这块木炭的颜色是红的。

这两个例子（触觉和视觉）是类似的。我手指的灼烧和在我眼睛处对红光的接收都是关于我的事实；反之木炭的热性（hotness）和红性（redness）是关于木炭的事实。但触觉的例子能更清晰地表明愉悦或疼痛如何与感觉的在场联系在一起。尽管知觉知识有时候有情感内涵——它是通过与感觉的次级联合唤起的——但这种知识本身在情感上是中性的。

这样说起来，这一点很明显，并且对它的解释也很明显：即“仅仅知道”与一个人身体的舒适（well-being）并没有直接关系。然而，当 95
认识到适用于有关发生在其他地方而非身体表面的知识的东西同样适用于有关发生在某时而非当下时刻的知识时，如果它没有变得不太明显，而是变得更有趣。的确，较之于知道现在在三尺外有一块滚烫的木炭时某人应该感受到疼痛，不存在更多的有关为什么当回想起一小时前被一块滚烫的木炭灼烧时有人还应该感到疼痛的理由。

约翰·洛克也认识到这一点。他在《人类理解论》中写道：“伴随实际感觉而来的快乐或痛苦，伴随的不是那些没有外部对象的返回的观念……因此，就冷或热的痛苦而言，当它的观念复现于人心中时，它并不能搅扰我们；可是我们在感受它们时本是非常难受的。”[86]

诗人们也注意到复现意象的情感贫乏。在莎士比亚的作品《理查二世》（*Richard II*）中，当博林布鲁克（Bolingbroke）从英国被流放时，他的朋友试图安慰他，他们对他说，当回忆或思考往日的欢欣时他总能寻找到慰藉。对此，博林布鲁克答道：

> 啊！谁能把一团火握在手里
> 想象他是在寒冷的高加索群山之上？
> 或者空想一席美味的盛宴，
> 满足他的久饿的枵腹？
> 或者赤身在严冬的冰雪里打滚
> 想象盛暑的骄阳正在当空晒炙？[87]

他说，啊，不！当目前境况完全相反时，回忆或思想根本无法带来慰藉。

莎士比亚以“光秃秃的想象”（bare imagination）的措辞归结了这

个道理，并促使我阐述一个更一般的观点：即，不仅纯粹的知觉知识是光秃秃的，而且所有其他的“未被感觉的观念”（回忆、思想、意象等）都是光秃秃的——它们是光秃秃的，因为它们缺少了感觉的华彩外衣。这并不是说这种未被感觉的观念缺乏内容，也并不是说它们甚至在特征上完全是非感官的。而只是说，它们严重缺乏感觉通常提供的品质浓度（qualitative density）。

考虑一个哲学家最喜欢的例子：“紫牛”（purple cow）（“我从未见
96 过紫牛 / 也从来不想见到；/ 但无论如何，我能告诉你，/ 我宁可看见而不是成为一头紫牛”[88]）。让我们试着极尽细节地想象一头紫牛吧。它的形象可能已经清晰地浮现在你的眼前——它是否有牛角，甚至它是否在脖颈上挂着铃铛，是否乳房下还有奶袋——此外，你可能丝毫不会怀疑这是一种视觉意象（某个被看到的东西的意象）而不是触觉或嗅觉意象。但尽管如此，想象中的紫牛的紫色较之任何你曾经看到过的现实生活中的紫色肯定会更均匀、更透明、更转瞬即逝：想象一头紫牛并不同于有一个紫色感觉（或至少一个值得这个名字的紫色感觉）。

或者，换种模态，考虑一下你在头脑中听到一个有声的思想。假设你脑海中出现这样一句话：“西班牙的雨主要降落在平原上”。你大概会以这些想象中的词语被说出来的声音说（它很可能是你自己的声音，但也可能比如说是你记得的《窈窕淑女》（*My Fair Lady*）中奥黛丽 · 赫本（Audrey Hepburn）的声音，你能够描述这个发音方式（是标准英语还是伦敦方言），并且你还能够确定那些话语是有韵律的。你毫不怀疑这一意象是听觉意象（某个被听到的东西的意象）。但再一次的，与紫牛一样，这个被想象的声音不会有到达耳朵的真实声音的浓度。

我们来比较一下想象中的“嗖嗖”声与现实中的“嗖嗖”声（选择这个例子的原因马上可见分晓）。可以认为这两种体验是不相同的。可是至少原则上，我们有可能设计出使得两种体验的确相同的环境。

这是一个历史上真实的例子。[89] 1928年波士顿的一家医院里出现了一个奇怪的患者。患者脑后的视觉皮层附近先天有大量的异常血管覆盖。令所有医生吃惊的是，他告诉他们：无论自己何时睁开双眼，都能听到嗖嗖的声音，就如风吹在他耳朵里的声音。但这不是想象的听到，这是现实声音的听到。当医生将听诊器放在这个患者头皮上时，他们也能听见这个嗖嗖声。这声音（例如）从他开始看报时就出现，而直到他闭上眼睛方才停止。

尽管有些特别，但解释很简单。每当视觉皮层接收到来自眼睛的刺 97
激后它就会变得活跃，在每个人身上进入这部分皮层的血流量增加（可以说是帮助它执行额外的工作）。然而，在这个特殊人身上，增加的血流进入异常的血管；而当血液快速流经这些血管时就会发出可听见的声音。因此，这个人实际上就能“听到自己在看”。

现在，根据这个事例，我们可以构造另一个例子：有一个患者在其听觉皮层（而不是视觉皮层）区天生有一些类似的异常血管。每当他开始听外界声音时，他就可能听见血液涌入听觉皮层中的血管而发出的嗖嗖声（也就是，他不仅能听到最初外部的声音，同时还能听到这个嗖嗖声）。事实上，他将能“听到自己在听”。

现在那个关键的思想实验出现了。众所周知（正如我们在下一章讨论的），不只是来自眼睛或耳朵的外部刺激能够使视觉皮层或听觉皮层活跃起来，而且主体仅仅是想象景象或声音也能激活视觉皮层和听觉皮层。因此我们可以推测，那位波士顿的患者甚至在想象自己在看报时，也能听到嗖嗖声（尽管尚未被验证过），同样地，我们那位假设的患者，只在想象自己听到外部声音时也能听到“嗖嗖”声。但假设他所想象的听觉就是“嗖嗖”：他将发现自己像听到真实的声音一样听到想象的声音。因此（或许是人类历史的首次）会有一种人，他的自我产生的声音意象会伴随着对到达他耳际声音的饱满感觉。

这个例子是如此不着边际以至于我相信它证明的一点：即这位患者的境况完全不像正常人的境况。

这种意象的“感受”——或者它的缺失——或许赋予它一种多少有些令人费解的状态。但并不存在真正费解之处。事实上，假如人们是按照生物学方式思考的，那么如果人们通常确实体验到与纯粹的意象、记忆或思想相联系的饱满感觉，那无疑会更让人费解。

正如我们在前几章看到的，感觉有一个作为表征“在具身存在的我
98 身上当下发生了什么”的明确的生物作用。感觉是面对到达其身体表面的刺激时让主体准备采取立即行动来延伸、逃避或改善自己的当下状况。并且要是一个人将可能发生在他身上的事情——如果是在其他时间或者如果它处在其他地点——的意象表征为一个当下的感觉，那么这在生物学上显然是一个错误。如果一个人能够（从而非常有可能）想象处于寒冷的高加索群山中而实际在手中握有一团火，或者空想着一席美味的盛宴满足久饿的枵腹，那么很可能他终会挨饿或者长满水疱。自然选择大概很快会在一代中将其（以及任何此类幻想家）淘汰。

因而存在绝妙的演化理由来解释为什么想象是相对光秃秃的。假使一个人幻想出非当前刺激的意象，他很有必要将这些意象标记为“不是真实的”。而正是感觉的缺乏直接导致这一点：可以说，在这些意象上加上唬人的引号——表示“这并不是看上去可能是的东西”。

我提到过莎士比亚笔下的博林布鲁克；再来看看麦克白吧。剧中，当麦克白看见一把匕首时，他伸手去抓却发现自己抓住的是空气：

> 你这命中注定的幻象
> 难道你不是可眼见而不可触及的东西吗？
> 或者你不过是一把想象中的匕首
> 一个来自狂热大脑的虚幻作品？[90]

对麦克白而言，意象的不真实性是在他无法从手中得到预期反馈时被揭示的。但莎士比亚的台词也许更好地描述了通常情况：即，通过检验它们是否是“可感觉到的”，日常意象迅速被揭示为是脑的创造物。

通常，一个人若曾经怀疑他看到的是否与物理上出现的东西相关，那么他总是可以通过自问来核验：“在视觉感觉层面上，它感觉像什么？”如果对这个问题的回答是“这感觉不对”，换言之，他没有得到期待中的感觉——那么他可以确信他走神了。

这些例外证明了这个规则。上一章聚焦于盲视的例子，在这个例子 99
中，患者不相信眼睛赋予他的有效信息，因为这个感受不对。但更为熟悉的例子是，普通人因为相反的理由而的确相信无效信息。例如，梦中，梦的意象对很多人而言都是“可感觉的”：梦的意象伴随着完整丰富的感觉，因此色彩、声音、触觉、性刺激都被体验为仿佛它们是直接作用在做梦者身上的。

塞缪尔·柯勒律治写道：“梦境不是与我同在的影子；而是生活中真正实质实在的东西。”[91] 当这样的时候，情感的反应也是真实的。因此，做梦者可能害怕地尖叫，或者感受到性高潮，或者流下眼泪，尽管这些反应（在生物学上）根本不合理。此外，只要他能做，做梦者还会发起一些自愿动作，并且只是因为在做梦的状态下他的自主肌（voluntary muscles）被有效地麻痹，因此他只能呆着不动。

源于病理或药物的清醒幻觉通常也是这样，以至于幻觉者可能会与想象中的虐待者打架，或者对一种想象气味感到厌恶，或者让眼睛避开上帝耀眼的光辉——而这里的后果可能会更严重，因为他可以自由移动。

幸运的是——也就是说在演化上受到很好的调控——大多数清醒意象没有前述的感官品质。因此可以说，这意味着我们无需放弃对当下实在性的把持就可以操弄记忆、意象和思想。

Present 一词源于拉丁语的 *prae-sens*。*Prae* 的意思是“在……面前”（“in front of”），*sen* 是“我是”（“I am”）的现在分词。但 *sens* 同时又是“我感受到”（“I feel”）的过去分词的词根。因此，*sens* 含糊地

徘徊于“存在”（“being”）和“感受（“feeling”）之间，*praesens* 带有“在一个感受存在的前面”（in front of a feeling being）的含义。相应地，主观当下（subjective present）就是由一个人所感受到的发生在他身上的事情组成的；而当他停止拥有感觉——正如当他进入无梦睡眠或者死了——他的当下就结束了。

100 我认为关于这一切没有什么令人费解的。尽管如此，关于我们体验意象的方式，仍存在很多令人费解之处。尽管意象并不涉及全面的感觉，但它们确实似乎包含某种感官成分——它们涉及的的确不仅仅是“仅仅知道”。

再来回顾一下那个环顾房间的例子，闭上眼睛，然后伸手够取一个物体。你在这种情况下准确够取的事实证明你的确知道物体的形状和位置：但你很可能没有——并且当然也没有必要有一个并发的视觉意象。同样地，当我说盲视可能是一个“仅仅知道”的范例时，我当然不是说，拥有盲视像是什么样与拥有连续的视觉意象流像是什么样是一回事。如果拥有那样的盲视像的话，大概盲视患者会告诉我们那一点——但他根本没有告诉我们这类事情。

但如果仅仅知道外界某事正在发生还不足以有一个关于它的意象，而感觉某事在我身体表面发生则足以有一个关于它的意象，那么在这些事情的图式中到底意象位于何处？

既然至今仍未有被普遍接受的意象理论，那么这就可能为我在另一方面羞于提出的假设打开了道路。下一章我会详细介绍这个假设的一些细节。因为我需要一个意象理论。否则，当我开始谈意识时，由于不知道（在感觉与知觉之间）要把这些既不是鱼也不是鸟也不是好的红鲱鱼的心智表征放在哪里，我会与其他评论家一样处境尴尬。

14　他认为他看见了一头大象 101

为了解释这个关于意象本性的假设，我必须回到有关感觉与知觉的认识地位差异的一些初步考量：即它们作为事实知识的承载者的地位。

这里再次呈现的是感觉和知觉通道平行的基本图示。

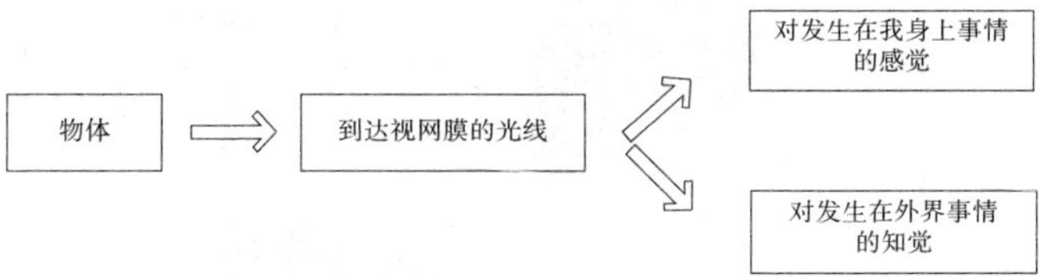

我们大概可以断定，无论何时当某人在其身体表面受到刺激时，都可以说存在一个有关“在我身上发生的事情”和关于“在外界发生的事情”的事实。例如，当我看着一块红色木炭，在我视网膜上就有一个特定的刺激模式而在外界就有一个特定的物理对象。

然而，一个人通过感觉和知觉接近这两种存在方式的手段显然并不等同。感官表征过程只需当物理刺激出现在身体表面时对其形成一个内部拷贝而无须涉及更多东西；但知觉表征过程还需涉及更多的像编造一个有关这个出现在外部世界的刺激意指什么的故事。因此，尽管感觉对“在我身上发生的事情”提供相对直接和确定的知识，但知觉对“外界 102

发生的事情”只能提供相对间接的和条件性的知识。

一个基本图示就能展示这个拷贝与讲故事之间的区别。图 2 是爱德华 · 博林（Edward Boring）设计的著名的妻子 / 岳母图。如果你致力于知觉，而全神贯注于外界的那张图意指什么，你或许会发现你的知觉通道给出了两个备择故事的其中之一：你可能会觉得是一名年轻女子（左侧面），也可能觉得是一位年长的女士（她的下巴埋在她的毛皮领子中）——并且当你继续看时，故事可能会从一个变到另外一个。但相反如果你致力于感觉，并全神贯注于感觉在你眼睛上发生的事情时，你会发现你的感官通道给你提供的是一个没有歧义的（unambiguous）黑白光线的特定模式的表征。

图 2

一般而言，知觉比感觉涉及更复杂的信息加工。我们可能也会因此期待脑对于这两个任务采取的处理方式本质上是不同的。并且，尽管我们确知的事情很少，但有充分的理由认为感官通道采用“模拟”（analog）加工并最终形成图像表征（pictorial representation）（即脑中像一个图像的东西），而知觉通道采用“数字”（digital）加工并最终形成命题表征（propositional representation）（更像言语描述）。

不管怎样，知觉无疑比感觉需要更多特别的（ad hoc）假定和更冒险的计算——刺激之杯与表征之唇之间则更加疏远。正因为如此，知觉就不可避免地要比感觉更容易出错（to slip up）。 103

幸运的是（我们马上会来考虑其原因），在正常情况下，知觉的差错（slips）通常并不严重。但对于潜在危险的证据，我们只能回想当知觉通道由于某个原因无法很好地起作用时会发生什么。例如，我先前所描述的那种遭受视觉失认之苦的患者所做出的知觉判断不仅不准确而且与正确相去甚远。一位失认的患者可能把一把剪刀感知为一把梳子——当被问到如何使用这个物品时，她会比划着用它划过自己的头发。奥利弗·萨克斯（Oliver Sacks）描述过这样一个患者，众所周知，他错把妻子当成帽子。[92]

然而，当感官通道失灵（倘若它没有完全崩溃，正如盲视的情形），差错通常涉及感觉场（sensory field）的扭曲而非彻底的错误。在所谓的视觉“视物变形症”（metamorphopsia）的例子中，患者可能会有视觉意象的一部分膨胀或缩小的印象，或者颜色褪色，但这个场的整个地形图（topography）或多或少保持着完整。[93]

如果感觉和知觉两条通道确实利用非常不同的信息加工方式（数字与模拟、命题与图像），那么这些错误的不同模式就是我们可能预料的。以传话（Chinese Whispers）游戏作一个类比。如果人们坐成一个圈，用言语（即命题地）传递一个信息，一个小错误就会导致意义上的很大变化——例如“男人的生活（life）是污秽肮脏的（nasty）、粗野鄙陋的（brutish）、一无所有的（short）”变成了“男人的妻子（wife）是脾气不好的（nasty）、粗野残忍的（brutish）、个子矮小的（short）”。但反之假如他们传递一幅画，一个小错误很可能会是相对无关紧要的——例如，一幅英国地图可能仍然被识别为一幅英国地图。知觉，就它所携带的风险而言，更像第一种游戏；而感觉则像第二种游戏。

现在，毫无疑问，知觉错误如果得不到修正，那么它将是一个生物
104 灾难。那个总是错把妻子当作帽子（或更糟，错把帽子当作妻子）的男
子会走向灭绝。

因此，对知觉必须做一些事情。在演化过程中，为了发展某种错误检测机制必须要有很强的选择压力：在采取行动之前要有某些检查知觉计算结果的方式。今天，大部分人在正常情况下基本上不犯很大的知觉错误的事实，强有力地表明人类确实已经找到了这类问题的自然解决方案。

检验这一解决方案是什么之所以重要，不仅由于其内在的利益，而且因为它是进一步发展的关键。

假设问你："143641 的平方根是什么？"如果你知道如何开平方，你最终会得出 379 这一答案。但假设你担心可能会在计算中犯错。那么显而易见的检查方法就是进行逆运算并问自己："379 的平方是什么？"假设你最终得到的就是一开始的数字，你就可以相当肯定你的答案是正确的。事实上，如果你所想要的只是一个粗略的检查，你可能就会简单地观察一下，因为 379 的最后一个数字是 9，而 9 的平方是 81，因此 379 就可以是一个末尾数字为 1 的某一个数的平方根。通过将你得到的答案的最后一个数字求平方，事实上你可以很快地检查出所有随机错误中平均 80% 的错误。

这个"反射回源"（echoing back to the source）策略对于信息技术人员而言是众所周知的错误检测策略，他们可能需要在各种各样的情况下检查一项操作是否被正确地执行了，或者检查一条信息是否以正确方式被解码，或者仅仅检查一个信号是否通过一条噪音通道。窍门就是撤销操作、重新编码信息，或将信息发回到它的来源——并且在每一种情况下都将重建的数据与原始数据进行对比。这个过程被称为"大约克公爵策略"（Grand Old Duke of York strategy）（因这个公爵——他

“有一万个人，/ 他让他们行军到山顶 / 而他又让他们行军到山下”——而得名）。

那么为什么在知觉加工上不利用一个“大约克公爵”策略的版本 105
呢？实际上，感知者可能一开始会问自己，“我视网膜上的这种刺激对应于外部世界的什么？”在一系列复杂的计算后，他会得到答案，可能是“一顶帽子”。然而，仅仅是为了确认他没有搞错，他还会尝试从知觉表征中重现原始的视网膜刺激。如果重现的刺激最终与原始刺激匹配，很好；但如果不匹配，那么肯定有些东西出错了——例如，因为原始刺激是由来自妻子而不是帽子的光线产生的。

这种策略不能找出所有知觉错误，因为有时候一个错误的知觉结论可能精确地反映了原始数据。但至少可以靠它找出最糟糕的错误。并且假如只需要部分保证，那么正如与那个数值的例子一样，可使用相同的捷径。因此，如果感知者只是重现一个视觉刺激的“勉强过得去的”版本并使其与原始数据匹配，那么他就会感到足够安全了：例如，无须帽子的完整细节，而只需它的一个草图式的或轮廓式的版本，至少就足以表明与妻子的不匹配。

确实，除非对被感知对象有大量的其他方面冗余的语境信息——例如，相对于注视方向，它位于哪里、它距离有多远等等，其中无一与对象是一顶帽子直接相关——被保留，否则纵然是对原始刺激的一个草图式的重构也是不可能的。但是确实有理由认为，这类语境信息事实上在知觉水平上是可利用的。

当我们感知到一顶帽子时，我们既感知到它是什么也感知到它位于何处，并且我们能准确够取它而且我手抓取它的形状恰恰与它的轮廓一致的事实表明，我们一定保留了它相对于我们身体方式的所有相关信息。事实上，为了把握一个被感知的对象，当我们将指令信号送回到手指时，我们一定是在做着完全相同的逆运算（back calculation）工作，正如重构视网膜刺激所要求做的那样——在每一种情况下都从数字描述中再生一个模拟描述。

106 如果这就是原则上所利用的策略，那它在脑中是如何实施的呢？尤其是，人们期待这个重构刺激与原始刺激的比较将在哪里发生呢？

一种可能的回答是：在感官本身上。因此，在视觉的例子中，开始于眼睛的信息可能会上行至脑中的“知觉中心”（perceptual center）并随后下行到眼睛。但由于种种原因这是难以置信的，其中的理由至少是在重构的信息回到眼睛的时候，原初的刺激很有可能不再在那里了——例如，因为眼睛已经移动位置了。

然而，存在一个明显且更好的选择，它能充当比较的位置：即脑中的某一位置，碰巧在那里，一个原初刺激的现存拷贝已经准备好了——换言之，那就是感官表征保留的地方。因此“知觉中心”很可能会将它对刺激的重构直接发送至“感官中心”（sensory center），在此会进行一个与已存在那里东西的比较。

于是，其图示差不多是这样的：

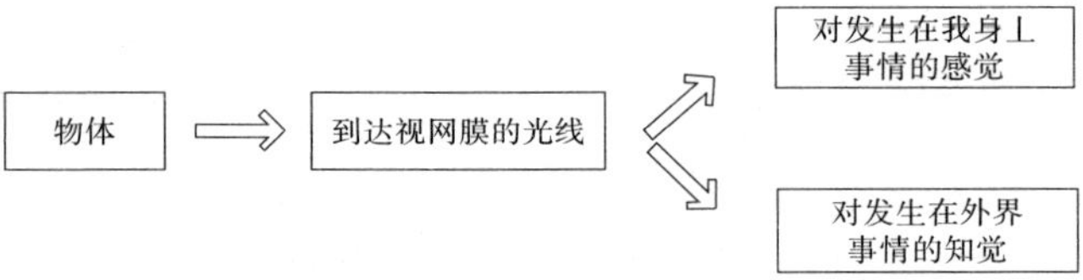

如果有一个足够好的匹配，知觉表征就会被接受；否则它会立即得到修正。

所有的一切是如何与意象的问题相关马上会变得更清楚。但首先，经由转移过多的理论关注，我能引证一些诱人的证据表明这样的事情正出现在人类视觉系统中——这显然是一个知觉“自上而下影响”感觉的证据。

图 3 所展示的是“桌面错觉”（table-top illusion）（让人惊奇的是，这种错觉直到 20 年前才被认识到[94]）。桌子好像是以相反角度画的，

较远的那条边比较近的那条边更长。但如果你用尺子量一下，你会发现桌面是被画成了一个完美的平行四边形，对边是一样长的。

图 3

注意这是感觉层面的错觉，同时也是一个知觉层面的错觉。不仅这个 107
被感知的三维的桌子较远的那条边看上去比较近的那条边更长，而且正如被感觉为视网膜刺激的上面那条边的意象似乎也比下面那条边的意象更长。

所以，什么样的解释可能适用呢？诚然，目前为止我所提出的东西中没有任何一点会蕴含从知觉中心发送至感觉中心的信号实际上能修改视觉刺激的感官表征。但如果相同刺激的两种表征到达同一个地方，那么就容易相信它们之间存在某种程度的交互作用。

或许，正在发生的事情是这样的。（应用线性透视规律的）知觉中心正在对这幅图画做出正确的三维解释：作为一张桌子，其远边比近边更远也更长。此外，为了检查这个解释，于是要尝试通过还原透视（undoing the perspective）来重构这个视觉刺激。然而，它的还原不够彻底，其结果是被发送至感觉中心的视网膜刺激的重构版本的上边稍微长一点。然而，这个匹配是如此接近正确，以至于不是知觉表征被拒绝而是感觉表征自身进行修改以使之协调。

在20世纪30年代和40年代，对所谓的“知觉恒常性”感兴趣的
108 实验心理学家研究了具有相似解释的类似的知觉。他们发现，要使刺激的感官表征被拉向外部物体的“理想”视图，那么在视觉中存在一个普遍倾向——就仿佛这个物体完全是从正面看到的。

例如，图4是罗伯特·索利斯（Robert Thouless）一篇经典论文中的图。[95]这幅图说明，当一个观察者致力于感官体验时，对他而言一个倾斜圆盘看起来是怎样的。实验要求被试看平放在桌子上的圆盘，然后将其“显象”（appearance）与一系列垂直悬挂于他面前的椭圆之一进行匹配。索利斯评论道，为了确保被试理解要求他做的事情，“我通常让他们预先练习……指出我想知道的既不是物体的形状真的是什么也不是他认为物体看起来应该如何，而仅仅是他所看到的物体的形状。即使是最无知的被试也能很好地理解这些指令。”结果表明，被试一致地断定视网膜上椭圆形刺激的显象要比它应该的更圆。

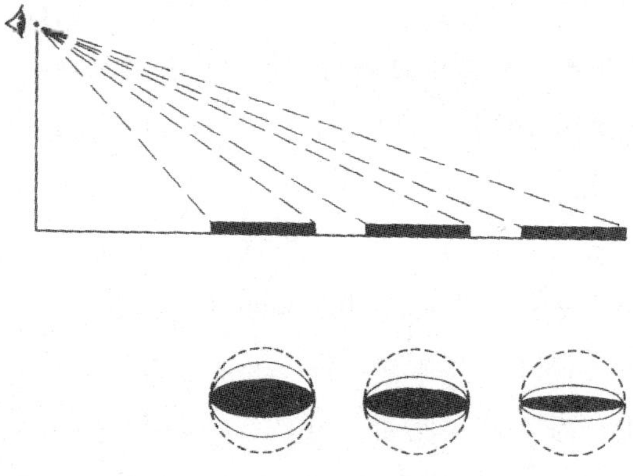

图4

实线椭圆为真实的形状，实心椭圆为视网膜上所呈现图像的形状，虚线圆为“现象的形状”。

对这一效应索利斯给出了一个一般名称——“对真实对象的现象回归”。正如他使用的术语那样，“现象的”意味着在感觉的领域，而“真实的对象”则意味着是在知觉的领域。他说“现象回归的规律”是：“当一个本身会引起某个现象的（即，感觉的）特性的刺激与指示一个对象‘真实的’特性的知觉线索一起被呈现时，这个作为结果的现象特性既不是由刺激独自指示的也不是由知觉线索独自指示的，而是两者的折中。” 109

如果没有上面所提出的这种图式（尽管未必恰恰就是这个），那么从知觉到感觉的这个暗指的下向影响就是令人困惑的。

到目前为止，在这一章里讨论的所有东西都是关于来自外部物体的刺激面前的知觉和感觉。但现在容易的一步是将它与自我产生（self-generated）的意象联系起来。

例如，当我尝试想象一头紫牛的时候，如果我（尽我所能）描述我自己的体验，也许能帮助我们聚焦这个论证。为了使其更费力，尽管也更典型，让我假定我的眼睛是睁开的，并且我注视着窗外乌云密布的天空——以便一个竞争的刺激到达我的视网膜。

这种体验难以诉诸言语（而且它可能不是每个人的体验），但大体上看起来如此。我“看见”一个稍纵即逝的奶牛的意象，在由乌云密布的天空产生的有图案的视觉场上来来往往。在知觉水平，只要我能够保持住它，我所知觉到的实际上就是以一头奶牛的表征为主的东西（我可以描述它皮肤的颜色、它耳朵的形状、它尾巴的位置）；并且，当这种知觉持续的时候，我几乎无法将云感知为外部事实。但在感觉水平，情况就更复杂了。这个外部场还在那里，而我感觉到的——即使我保持着这一意象——是以来自乌云密布的天空中的光所产生的视网膜刺激为主的东西（我觉知到水滴的颜色等等）。但除此之外，我具有我只能描述为一个异质物体的一种小块的、奶牛形状的、紫色的投射意象的虚无缥缈印象，一个我将从一头紫牛（如果现在它在我眼前）身上接收到的视网膜刺激的版本。

要解释这个体验，根据我刚才提出的那个图式，全部必须补充的内容是如下 4 条合理建议：

（i）意象产生于（或至少是经由）脑的知觉中心。

（ii）当知觉中心参与产生意象时，它会暂时会脱离正常知觉。

110 （iii）当这个知觉中心产生了一个意象时，检查知觉错误的尝试仍在继续，尽管实际上没有什么可以查对的。因此，如果它刺激了感官（在“标准的”或“理想的”条件下），就会存在一个重构本该那个对象产生的原初刺激的尝试；并且这个重构被发送至感觉中心。

（iv）这个被重构的刺激与实际到达视网膜的刺激并不匹配。因此，这个想象的表征被拒绝。因此，要保持这个意象则极为困难。

因此，在我的这个特定例子中，下面的图解讲述了这个故事：

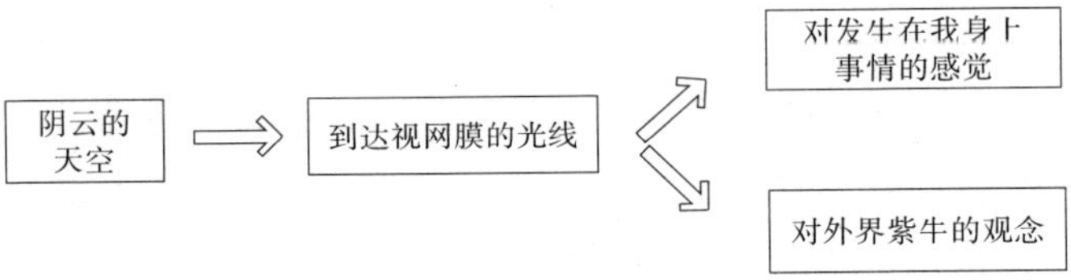

来自乌云密布天空的光线刺激视网膜，并以通常的方式引起感觉；然而，它并未引起知觉，因为这个通道暂时被关闭了。相反，在知觉这边，知觉中心产生了它自己对于一头奶牛的表征，作为一个外界可能正在发生事情的观念。知觉中心随后通过试图重构眼前的一头真实奶牛会诱发的刺激来对这种自我产生的表征进行核查，并且这个核查被传送到感觉中心。但这个被重构的刺激并不匹配。所以这个意象被拒绝，这个被想象的奶牛继续隐去，而且不得不被更新。

当说到我自己对意象的体验时，我说过，与真正的视网膜刺激对应的感觉要比与想象的刺激对应的感觉“占优势”。作为这种“优势”的一个类比（或许不仅仅是一个类比），考虑一下双眼竞争（binocular rivalry）现象，即当两幅不相容图片到达两只眼睛时，出现在日常视觉 111
中的情形。例如，当注视这页书时，把你的右手食指放到你的右眼前，贴近你的脸。你可能会发现你自己正透过一个透明的“幽灵似的”手指看这页纸。因为你聚焦于这页纸，所以对你左眼的刺激占优势并且相应的感觉完全被填满，尽管如此，对右眼的刺激仍然勉强地被记录下来。

当对应于实际到达两只眼睛的两个不同刺激的两个感官表征之间存在竞争时，双眼竞争就发生。但似乎完全合理的是，当在一个真实刺激的感官表征与一个想象刺激的重构表征之间存在竞争时，在这个想象的例子中应该也存在类似竞争。

想象的奶牛肯定与幽灵似的手指不太一样。但它们确实有一点像。（当然，对那些看到它们的人而言，想象的幽灵与幽灵似的手指非常相像。）

在我刚才所描述的情况中，你的食指放在你的右眼前时，闭上你的左眼。当然，现在，对你右眼的刺激将这个场据为己有，因此本身就占优势，而你的手指突然看上去是“坚实的”。如果保留这个类比，我们可能会期待，意象的感官生动性也会得到相当程度的提高，只要意象将这个场据为己有，例如，如果没有外部刺激到达眼睛。

大多数人会赞同，如果他们注视一面空白的墙，或许更好的情形是闭上眼睛或进入黑暗，那么创造一个强大的视觉意象会更容易。有鉴于此，约翰·多恩（John Donne）写道：“光线最少的教堂最宜于祷告：为了只见到上帝，我走到视线之外。”[96] 然而，就算故意走到“视线之外”也不足以使眼睛中的视觉感觉完全消失。因为所体验到的东西反而肯定了黑暗的存在，即“没有光线到达我眼睛”的感觉。而这个对黑暗的感觉在感官的丰富性上通常会压倒任何自我产生的意象。

112 因为根本没有来自视网膜上刺激的感官表征的竞争存在，因此大概压根不存在这种感官表征。而那有可能在此发生的唯一情形就是当从眼睛到脑的输入被主动地阻断时，正如一个人睡着时。

那么在睡眠时脑中产生的意象是怎么样的呢？梦又是什么样的呢？我猜测，梦与清醒的意象之间的差别恰在于此。当一个人睡着时，没有来自视网膜的信号会抵达知觉中心或感觉中心，因此梦的意象就将这个场据为己有。

现在在这个图中，左手边完全被拿掉了。

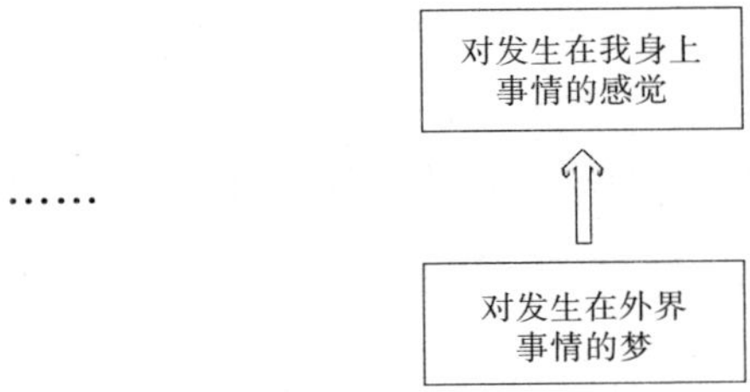

当一个“梦中观念”产生时，知觉中心会产生一个恰当的外部事件的表征，并试图通过重构梦中事件（如果它们真的发生）会引起的刺激来核查它自己的表征。但现在，被重构的刺激并不与其他任何感官表征竞争，因此，它便能支配感觉，结果对梦中意象的体验异常丰富。此外，因为不存在指示不匹配的任何东西，因此现在也不存在任何东西去告诉知觉中心要去修正它的计算，结果就是，梦中意象只要一形成就不会消失。

在清醒的意象的例子中，所有的意象实际上都被认为是“错误”，这就是为什么它们不会持续很长时间。但就梦而言，即使当将梦中观念转换成知觉表征时存在实际的错误，这一错误在一段时间内大概不会被修正。其结果可能正如我们所体验的：不仅梦中意象会比清醒意象更生动、更持久，而且也更容易出现离奇的数字加工风格（digitalprocessing-style）错误。例如，如果在梦到妻子时，知觉中心错误地产生了一顶帽子的表征，做梦者可能会发现自己正想着妻子同时却体验着帽子的意象：所以它将保持着，直到或许某些随机事件重新调整知觉计算。 113

路易斯·卡罗尔的小说《希尔和布鲁诺》（*Sylvie and Bruno*）准确地抓住了梦的奇特之处[97]。来自“园丁之歌”（Gardener's Song）的一些诗能够恰当圆满地结束这个关于意象和知觉错误的讨论：

> 他以为他看到了一头大象，
> 这头大象在练习横笛：
> 他又看了看，发现这是
> 一封来自妻子的信。
> 他说，“我终于意识到了生活的心酸！”
>
> 他以为他看到了一条响尾蛇，
> 这条响尾蛇在希腊向他提问，这一直都困扰着他
> 他又看了看，发现这是
> 下星期的中间
> 他说，“让我遗憾的就是他不会说话！”
>
> 他以为他看到了一位银行职员，
> 从公交车上下来：
> 他又看了看，发现这是
> 一只河马：
> 他说，“如果它要留下来用餐，留给我们吃的就不会很多了。”

然而，我不会完全在那里煞尾：因为存在一些我一直备用着的科学证据。

如果意象涉及一个被送回到感觉中心的信号，那么（如果上面的图

式真的被采用）这将意味着同一个脑区必须既在一个人感觉到外部刺激时激活，也在他产生一个内部意象时激活。

现在，就视觉而言，我们知道，当光直接落到眼睛的视网膜上时，脑后部初级视觉皮层的相应区域会激活。而且，对一个清醒人类被试的这一皮层区的直接电刺激会导致他拥有光的感觉，而当这一脑区受损时
114 （正如盲视患者）到达眼睛的光就再也无法引起感觉了。尽管如此，皮层的这个区域仅仅是以直线方式远离眼睛两个神经细胞的距离，而假设这就是我一直称为的感官中心（正如它是视觉感觉的所在地）——似乎相当难以置信，更别说它可能直接涉及视觉意象的产生。

因此更加引人注目的是，最近生理学研究表明，自我产生的视觉意象事实上确实引起视觉皮层的激活。这些证据来自当被试执行诸如视觉化散步、想象一只猫、回答一个例如“松树的绿色是否比草的绿色要深”之类问题时的脑电活动和脑血流量的研究。玛莎·法拉（Martha Farah）回顾了这些研究（也包括她自己的研究），并得出结论：“在各种不同的任务中均发现视觉意象占用视觉皮层，反之除视觉意象外的其他高度相似的任务都不会占用视觉皮层。”[98] 而且，正如法拉所说，这些发现可由如下证据补充，即当视觉皮层受损时，失去的不仅是外部产生的视觉感觉，同时还有视觉意象。

这一发现无疑是引人注目的。只要有一点点科幻的特许，似乎就有可能：当某人想象一只猫的时候，这只猫的意象将会被“反向投射”（back-projected）在视网膜上（那里它可以被其他人“看到”！）。这种可能性当然不现实。但现实是非常意外的。要解释这个现象，就需要一个与“大约克公爵”假设相当的令人惊奇的假设。

15　它就在这里 115

我一直在悄然接近意识这个大问题。

之前，当我说亚里士多德对“只要我不在那里，他甚至可以打我”的答复同样可以是“或者只要我仅仅了解它，但没有感受它”时，我已经在接近了，因为我可能会说：“或者只要我那时没有意识。”而在那之前，当讨论盲视时，我甚至更接近，因为几个观察者声称，这个盲视的被试——他缺乏视觉感觉并且坚持认为在他自己的知觉过程中他不是一个当下参与者——并没有“意识到”看。

事实上，意识所处位置的一般区域因这一章正在变得更明显。检查在闲暇时抓到了什么之前，现在必须把目标提离水面，并把它带至干燥的陆地。然而，它是一个众所周知的狡猾猎物，如果我过快抓住它，尤其是在处理意象问题之前，最终我可能仍然会两手空空。

现在是时候来做一些快速推进了。利用到目前为止的所有讨论，可以做出如下断言：

1. 要有意识，那么本质上要有感觉：即，要有对此地此刻发生在我身上事情的负载情感的心智表征。

2. 意识的主体——“我”——是一个具身自我。在身体感觉缺失时，“我”也会终止。*Sentio, ergo sum*——我感受，故我在（I feel, therefore I am）。

116 3. 所有感觉都内隐地位于我与非我之间的空间边界，以及位于过去与将来之间的时间边界：即，处于“当下”。

4. 对人而言，大多数感觉发生在五个感官（视觉、听觉、触觉、嗅觉、味觉）之一的职权中。因此，大多数人的意识状态具有这些品质之一。不存在非感官的、非模态的意识状态。

5. 未涉及直接感觉的心智活动，只有当它们伴有感觉“提示”时才会进入意识，正如发生在心智意象和梦中的例子。

6. 这也适用于有意识的思想、观念、信念……有意识的思想通常作为声音意象在头脑中被“听到”，而如果没有这个感官成分，它们就会逐渐消失。

7. 如果我们宣称另一个生命有机体是有意识的，那么我们是在暗指它也是感觉的主体（尽管不一定是我们熟悉的感觉）。

8. 如果我们要宣称一个非生命有机体是有意识的，那么上述标准必须同样适用。例如，一个机器人是不会有意识的，除非它被专门设计成既有感觉也有知觉（无论那个设计涉及什么）。

16　这里有什么——关于定义的一章 117

恰好在这个时候，好像是在提醒我这个讨论可能会遭遇的麻烦，刚在邮件中我收到一个有关即将到来的意识工作坊（workshop）的宣言。[99]它的作者亚伦·斯洛曼（Aaron Sloman）发表了他的评论："'意识'这一被大多数学者（哲学家、心理学家、生物学家等）所使用的名词并不涉及任何特定内容。这意味着例如你无法去问它是如何演化的或哪些有机体有意识哪些没有意识。"

在这个紧要关头，我最不希望的就是卷入一场关于定义的无益讨论。但既然除非我们对它们的文字内容是什么有一个共识，否则我们就没有机会确立上一章的任何一个断言，并且既然我最终想问的正是斯洛曼说不能问的问题，我现在必须尝试去表示的不仅是意识能够被定义为指称"某个特别的东西"，而且意识实际上已经被定义为"某个特别的东西"——如果不是由斯洛曼的学术定义，那么就是由普通的说英语的人定义。

这个任务可不简单。不管"意识"现在意味着什么，无可否认的是它过去有一系列不同的含义，并且有些早期的含义现在依然存在。因此，为了做好准备，暂时离题进入语源学以便检查这个词令人好奇的历史是值得的。正如赫胥黎注意到的："词语是思想的工具；它们形成思想流动的通道；它们是塑造思想的模子。"[100]并且反之也是正确的：思 118

想是塑造词语的模子，它们形成词语流动的通道；当人们有了一个他们力图表达的先验观念时，词语开始被使用或改变它们的意思。

“conscious”一词源于拉丁语 *con* 和 *scire*，con 的意思是“连同”，*scire* 的意思是“知道”。在原始的拉丁语中 *conscire*（形容词 *conscius* 源于此）照字面意思就是与他人分享知识。最初，这意味着，广泛地分享知识。但随着时间的推移，它的用途发生了改变，从意味着与一些人分享知识变成了在一个小范围内分享知识——因此变为私下参与一个秘密。例如，凯撒（Caesar）和他的将军们私下制订（*conscius*）他们的作战计划。

于是在这个方向上有了更进一步的变化。这个与之分享知识的人的圈子收得越来越紧，直到最后只包含一个人，即有意识的主体。To be *conscius sibi*——即凭自己意识到——开始意味着主体是唯一一个知道某事的人，并且还暗指他不愿意与任何人分享它。到了公元 1 世纪贺拉斯（Horace）写道：一个人的墓志铭应该“*nil conscire sibi*”——“凭自己意识不到任何东西”，因此就不会有任何令人内疚的秘密。

中世纪当“conscious”这个词进入英文后，它的意思又经历了另一次改变。人们希望在如下两个方面间做出区分，一方面是“拥有一个人不愿意让其他人通达的私人知识”（例如，正如霍勒斯已经暗示的，即关于一个人自己秘密行动的知识），另一方面是“拥有因其本性没有任何他人都能够通达的知识”（例如，一个人内心最深处的思想和感受）。这个工作因此在这两个词之间被分开了。（仅仅偶然才是私人的）内疚的知识，成了关于一个人“良心”的东西，而（更加必然是私人的）自我知识，仍旧是一个人“意识”到的东西。

所以，到了 17 世纪，莎士比亚写道：“凭国王之良心，他已经杀死哈姆雷特的父亲”（The play’s the thing wherein to catch the
119 conscience of the king）；而在同一个世纪，洛克写道：“对自己，一

个人始终能意识到正在思考……意识就是对于进入一个人自己心智的东西的知觉。”

的确，就算是在现代用法中，也存在某些更古的意义被保留下来的场合（而在非英语的其他语言中尤其如此）。如果一个人因为勇敢而被授予奖励时说，“我意识到（conscious of）我所受到的无上荣誉”，他的意思很可能是“与你一道我觉知到（aware of）”；如果他在写一篇报纸社论时写到“民族意识”，他可能是指属于一个特殊群体的共享观念；如果他在一个忏悔室中说，“神父，我意识到我有罪”，他可能是意味着凭他的良心。但将这些特殊的语境置于一边，在现代英语中“要有意识”（to be conscious）的常见意思无疑是拥有对一个人自己的私密的感受和思想的知识。早期的大多数用法不仅现在不通用了，而且它们也是不允许再用了。

事实上今天，关于任何不是个人事实的东西，说“我意识到”通常不再被认为是自然的或正确的（尽管可能还能理解）——我可能会说“我意识到牙疼”，但我不会说“我意识到巴黎是法国的首都”。说一个不与我自己有关的个人事实也是不自然的：“我意识到*我*牙疼”，而不是“我意识到*你*牙疼”。除了支持它的证据现在就在我自己的心智面前时，否则说一个与自己相关的事实也是不自然的：“我意识到我*现在*牙疼”，而不是“我意识到我*昨天曾经*牙疼”。

因此，随着英语语言的演化（并且或许随着语言的使用者变得越来越自我关注和内省）“有意识的”（conscious）一词的意思不仅变得越来越狭窄而且实际上转向了反方向。像“窗户”这个词，其意思已经从“一个风可以进来的洞”变成了“一个风不能进来的洞”，“有意识的”一词其意思已经从“拥有共享的知识”变成了“拥有除了自己之外不与他人分享的私人的知识”。

此外，在过去的两个世纪里，还存在另一个强调方面的主要*转变*：从及物地使用“有意识的”这个词，“我意识到如此这般的事物……或意识到如此如此这般的状况……”到*不及物*地使用这个词，只是说“我 120

意识到（停止）" [I am conscious （stop）] 或 "他或她意识到了（停止）" [he or she is conscious（stop）]——这里，"有意识的" 现在指一种特殊的存在状态。这就为区分 "意识"（有意识的状态）与 "无意识"（unconsciousness）（没有意识的状态）铺平了道路。并且多年来，渐渐地关于意识讨论的焦点越来越集中于这个区分。

这段历史可能不被普遍认可（并且对现代使用者而言可能无关紧要）。尽管如此，"意识" 一词——尤其是在其后期不及物的意义上——现在已经是我们词汇中确定的一部分，我认为这是无可争议的。并且，即使普通人不是每天用这个词，但似乎大部分人对于它的范围和界限是足够自信的。他们不仅在相同句子的相同地方使用这个词，而且关于这类句子的真值（truth value）他们往往也意见一致。如果你有所顾虑的话，那么试着自己读一读下面的句子："麻醉剂逐渐消退后，患者恢复了意识"、"你不能否认黑猩猩是有意识的"、"在航天飞机坠海前宇航员失去了意识"、"如果你没有意识，你将无法享受性爱"、"我的电脑没有道德权利因为它没有意识"、"尽管我睡着的时候失去了意识，但当我做梦的时候我还是有意识的"、"不可能存在没有意识的艺术"、"路易十六的头在被砍掉后至少 10 秒他都还保持着意识"。即使实际上你不会同意前面所有的句子，但我一点也不怀疑你能理解它们。

但在这些不同句子中，你由 "有意识的"（conscious）一词所理解的是什么？在每个例子中你的理解都一样吗？我的目的是表明，在（几乎）每个例子中都至少有一个隐含假定：即 "要有意识" 的确本质上 "要有感觉" ——或者更一般地说 "要有对此时此刻发生在我身上的事情的负载情感的心智表征"。

要这么做，我将进行如下论证。首先，"拥有感觉"（the having of sensations）是一种在自然上被划分开的、在心理上有意义的状态，它有符合要求的恰当类型的凭证（credentials）。其次，人们在成长过程中逐渐将这种状态认可为一个自然状况，并且从儿童早期开始就利用它作为分类生物（以及非生物）条件的概念工具。随后在英语中对这种状态 121
命名是或者无疑是“意识”。最后，当人们谈论“意识的神秘性”或者推测例如关于动物是否有意识时，他们在心中持有的几乎总是意识的这个特定意义。

对于第一步，我打算求助一个天真孩子的帮助。

最近我问一个8岁小女孩莉莉，“意识”是什么意思。她严肃地告诉我，是的，她听过这个词，但，不，她不知道它是什么或如何使用这个词。莉莉的母亲当时在场，她赶紧解释说，毫无疑问莉莉是知道意识的意思的，即使她不知道她知道。并且她的母亲——（和莉莉一样）像一个知识分子一样——引用了一个文学类比：在莫里哀的剧本《贵人迷》（*Le Bourgeois Gentilhommme*）中，乔丹先生（Monsieur Jourdain）很惊讶地发现，过去40年他一直在谈散文却没有认识到这就是“散文”；同样，莉莉在过去8年里显然是有意识的，但她却没有认识到她是“有意识的”。当然，莫里哀这个笑话的关键是乔丹先生已经相当清楚地知道什么是散文，但却从来没有赋予它那个名称。莉莉的母亲关于莉莉的观点是，她已经拥有了关于意识的观念，就算她还未学会命名它。

那么假设，像苏格拉底盘问美诺的奴隶男孩（Meno's slave boy）（苏格拉底表明，他拥有还未得到承认的对欧几里得几何的理解）一样，我要问莉莉一些主要问题。我能够表明她已经有了将“拥有感觉”作为一种独特心智状态的观念吗？事实上我能够确定她不仅分享了我关于意识的想法而且还确定她同意我所做出的其他大部分断言吗？

我认为，有强有力的理由相信我至少已经完成了一部分——只要一个小女孩能够注意任何东西，那么她不可能不注意有感觉与无感觉之间的这个区分，正如这个区分出现在她自己身上那样。一年中的每一天，以及一天中的好多次，在她睡着的时候她都会失去这种状态，而当她醒来的时候她又会恢复这种状态。并且显然没有比正反两方面的例子的重复呈现能更好地标记一个观念的界限的方式了：“现在你看到它”，“现在你没有看到”。[101]

122 在词典（牛津袖珍学生词典）中，“散文”被定义为“非诗歌的语言”——也就是，借助它的否定来定义它。当博斯韦尔（Boswell）问约翰逊博士（Dr. Johnson）什么是诗歌时，他回答道，“为什么这么问呢，先生，说它不是什么会更容易一些。我们都知道光明是什么，但要说出它是什么并不容易（除了将它与黑暗进行比较）。”[102] 如果人类总是处于拥有感觉的状态，那么拥有感觉的事实可能就不那么引人注目了，就像太阳一直发光，“白昼”（daylight）这一事实就不会那么引人注目。但是，正如黑夜紧随白天穿越这个星球的表面，清醒状态也会紧随睡眠状态穿过孩子心智的表面。

所以让我从那开始，并看看莉莉与我的对话会把我带到哪里。如果我是以苏格拉底的典型的强横风格来引导了这次对话（尽管我怀疑我能采取完全的控制），我希望她能原谅我。

尼克：莉莉，我想让你回想一下当你睡着时的情形，或者如果你愿意的话你也可以想象一下你今天晚上去睡觉时的情形。我肯定你会同意的是，醒着与睡着了两者之间存在很大不同，对吧？

莉莉：当然存在不同。

尼克：假设我问你，“睡着”像什么。你会提到例如当你睡着时你的眼睛是闭上的、你是不动的、你的思想暂停了，并且你不再会感到任何发生在你身上的事情么？

莉莉：我可能会的。

尼克：实际上这就好像在你的存在中出现了某种暂停。

莉莉：是的。

尼克：如果我们想要一个类比，我们可能会说，这就好像瓦斯灯的火焰被关小了：它几乎收缩至无，尽管它实际上并没有熄灭。

莉莉：是的。我有点儿萎缩（collapse into myself）。

尼克：现在如果我问你“醒着”像什么，你会说它就是睡着的对立面吗？换言之，你的眼睛是睁开的、你是会动的、并且你有着各种思想和感受。就好像火焰重新活跃起来了一样。

莉莉：是的。

尼克：让我们谈一谈“醒着”。是什么使得它与睡着真正不一样？你会假设所有那些你提到的事情都一样重要吗？ 例如，你醒着的时 123
候一定要动吗？

莉莉：不，不是这样的。我通常是在动的，但我不是一定要……看，现在我就闭上了眼睛并且我一点也没动，但我还是醒着的！有一次晚上在一个噩梦之后我醒了，尽管我想动可我动不了。就像是瘫痪了……但我是醒着的而且我非常害怕。

尼克：那么，也许正是你的思维造成了这一切差别。当你醒着的时候你确实有思想吗？

莉莉：是的，大部分时候我似乎是……大部分当我醒着的时候，我在思考，就算是我躺在床上或者坐着不动的时候。

尼克：我想起了一本名叫《潘趣》（*Punch*）的杂志中的一部连环漫画。有一个老人坐在一张公园的长凳上，有一位女士和他说，“告诉我，我的朋友，你是如何度过你的时间的？”老人回答说，“哦，女士，我有时候坐着并且思考；然后有时候我只是坐着。”……难道你没有只是坐着没有思考的时候吗？

莉莉：哦，不，我不是经常只坐着……但有时候我只是躺在浴缸里，或者只是听我的磁带，或者当我受伤的时候我只是哭并且感到伤心……或者我可能只是坐着吃一块冰淇淋……我不会在思考。有时候人们会说“给你钱告诉我你在想什么”，我不知道该说什么，因为我没有在想任何东西。

尼克：但，这并不意味着你已经睡着了，对吧？

莉莉：当然不是。

尼克：所以思考对于醒着来说没有重要到那种程度。那么你最后提到的那件事情——感觉有事情发生在你身上——呢？当你醒着的时候你总是有各种感觉吗？还是与思考一样，你有时候有，有时候没有呢？

莉莉：要看你的感觉是什么意思。我总是有感受（feelings）——当我醒着的时候，那就是。

尼克：诸如？

莉莉：当我看着蓝天的时候，或者当我听到公交车开过的时候，或者当我感到冷……或者开心或者伤心……或者可能只是感到“我在这里”。

尼克：所有的这些难道不涉及感觉吗——对发生在你身上或你内部的某
124 些事情的印象、你的眼睛看到了光、你的耳朵听到了声音……开心或伤心涉及你的脸或你的四肢或你的肚子。甚至是“我在这里”的感受归根结底也是此类事情。威廉·詹姆斯，你没听说过这个人？他认为“我在这里”不过是意味着“我在我的脑袋和脖子上有这些感觉”。

莉莉：是的。但我仍然更习惯于谈论“感受”而不是“感觉”。感受是我知道的词。

尼克：好吧，我不认为我们的意见不一致。关键是，正如你所提出的，如果你是醒着的，那么“感受”是不可能没有的东西。如果有人说“有时候，我坐着并且有感受；然后有时候我只是坐着”，这会不合理吗？

莉莉：我不确定。假定我在坐着的同时正在思考（我同意我不是一定要这样——但假定我是这样）。并且假定我所有的其他感受都停止了。那么我将会坐着并且只是思考——并且未必有任何感受。

尼克：好的，你说的就是。但你真的相信那就是发生的事情吗？试一下。闭上你的眼睛。我数到 3。然后坐下并思考——接下去的 10 秒钟努力排除所有其他的东西。1、2、3……你可以睁开眼睛了。那是怎么样的？

莉莉：我的鼻子在发痒，所以这不公平。

尼克：好的。但我认为你会发现它永远都不“公平”——总是会有一些事情闯入。我仍然采用你的观点。假定你可以做到你所说的，并且阻断了其他感觉。那么问题就变成了，是否对于思考本身没有某种对它的“感受”。

莉莉：你的意思是，像那个人说的，感觉在我的脖子和脑袋上？

尼克：不，那实际上不是我的意思（尽管你会认为它很有趣——上个世纪有整整一个学派的心理学家主张，思考的确涉及来自皮肤和肌肉的反馈）。我的意思是，思考总会涉及意象，而意象至少与感觉有着朦胧的联系。例如，以词语思考就有点像听到那些词语，或者以图像思考就有点像看到它们。

莉莉：只有一点点。

尼克：但足够了，可能——存在一些感受起来像思考的东西就足够了。 125

莉莉：你是说，我们做的每件事情都涉及感觉吗？

尼克：不，只是无法想象醒着却没有感觉——或作为自我却没有感觉。

莉莉：当你这么说的时候，我假定你一定是对的。如果我没有任何感受，就好像与我不在那里一样。

尼克：但它将我们带到哪里了呢？它是否意味着“拥有感受”与“醒着”是一回事？

莉莉：看起来好像是的，尽管我不会认为它们是一回事。

尼克：可能醒着更多的是一种你进入或离开的持久状态，而拥有感觉更多的是恰好现在发生在你身上的短暂过程。例如，你可能想说，“我醒着的时期是由很多拥有感觉的时刻组成的”。

莉莉：是的。

尼克：但“拥有感觉”与醒着没有完全走到一起难道没有其他理由吗？

可能有一些时间你拥有感受就算你不是醒着。

莉莉：是的，那就是我刚刚才想起来的。当我做梦的时候，我拥有感受——你把它叫做感觉。当我做那个我提到的梦的时候，我感到所有可怕的事情正发生在我身上：我在海里、我正在下沉、我看到巨大的黑色怪物在靠近……尽管通常我做的是美梦。

尼克：有人可能会说“睡个好觉，做个美梦”。他们可能是说“在你睡着的时候，玩得高兴并且感觉舒服”，他们是这样吗？

莉莉：妈妈就这么说。

尼克：所以我猜，这就意味着我们需要另一个词来表达“拥有感受”。“醒着”恐怕不行。

莉莉：是的。我们需要一个表达“没有感受”的词，因为“睡着”不行。

尼克：“意识”与“无意识”这两个词怎么样？

126 莉莉：但我已经告诉过你了，我不知道“意识”是什么意思。

尼克：我说过，你的*确知道*“意识”是什么意思。如果你拥有感受——或者感觉——你就是“有意识的”。

莉莉：如果我不拥有它们，我就是“无意识的”？这对于猫也一定要适用，因为我听兽医说普鲁内——那是我的猫——在手术过程中将不会有任何感受，因为她是“无意识的”。

尼克：是的。

莉莉：好的，我已经“有意识”——断断续续地——8 年了，而我甚至不知道它！有一个莫里哀的剧本，在那里……

尼克：莉莉，你正在盗用你母亲的台词……就此打住吧。

莉莉：我只是想再说一件事情。我想知道这是否也适用于玛蒂娜，它是我的洋娃娃。我想知道她是否有意识。

尼克：你是怎么认为的呢？

莉莉：不，我不认为她有意识。我的意思是，我不认为玛蒂娜曾经有过感受，因为她似乎不在乎在她身上发生了什么（尽管我在乎）。但我的朋友有一个会走路、会讲话的娃娃，阿曼达（Amanda），如果你掐她她就会哭。如果普鲁内是有意识的，我想知道阿曼达是不是也会有。

尼克：这取决于什么呢？

莉莉：取决于阿曼达是否实际上像我一样感受事物。我假设她会。但我不相信她会。我认为在表现得好像你是有意识的与实际上你是有意识的之间存在差别。

尼克：我也这么认为。但莉莉，你跳过了好几章呢。

我不会假装认为甚至接近这个思辨水平的对话实际上曾经发生过。但我认为，与这个批判性推理过程相似的某些事情确实在每个孩子的心中都发生过。通过关注在她自身体验中的这些类似和对比，这个孩子开始将“拥有感觉”的状态认可为一个自然类：这个状态有着清晰划分的界限，作为一个生命的事实，它或者存在或者不存在；一个她自己生命的断断续续的事实，并且潜在地也是其他生物生命的事实。

这个随后的发现，即在英语中有一个词可能命名这种状态，无疑需要更长的时间。在缺少像刚才提到的遭遇时，我怀疑任何孩子实际上曾被教导如何使用“意识”一词。相反，可以说，她必须靠她的聪明去偷学（eavesdropping）。她必须注意在其他人讲话和写作中这个词的存在，注意那些人如何使用它，并因此最终将这个词与她预成的观 127
念进行匹配。

正如洛克在这个问题上经常指出的：“如果考察儿童怎样学习语言，我们就会发现，要使他们了解简单观念或实体的名称代表什么，那么人们往往要把那些东西显示给他们，使他们得到那些观念，并且要向他们重复表示那个观念的名称，如白的、甜的、牛奶、糖、猫、狗等。但对于混合的模式（正如意识），他们往往先学习各种声音；学习了之后，如果他们要想知道它们代表什么复杂概念，那么孩子要么倾听他人的解释和说明，要么自己进行辛苦勤勉的观察（多半都是以后面这种方式）。”[103]

但发现“意识”一词的意思的过程可能永远不会完全结束。并且可以说，你和我——通过我们自己辛苦勤勉的观察——仍然处于这个发现的过程中。

然后，我能做的更好地事情就是，坦率地陈述我自己对意识这个术语，如何在我所来自的那个语言环境中使用的观察结果。这些结果是，“意识”（being conscious）作为一个讨论主题不论何时出现，人们的首要兴趣几乎总是感觉——即严格意义上的对“发生在一个作为具身生命的我身上的事情”的负载情感的心智表征。并且也许十有八九关注的焦点是情感。

因此，当一个人说“在航大飞机坠海前宇航员失去了意识”时，这个首要的含义是，它没有带来痛苦。“患者在手术过程中自始至终都是有意识的”——它确实带来痛苦。“你不能否认黑猩猩是有意识的”——黑猩猩像我们一样感受到快乐和疼痛，并且在意对它们做了什么。“LSD 是一种引起强烈幻觉的（consciousness-expanding）药物”——它使得一个人尤其善于接纳奇怪的和有趣的感觉。“不可能存在没有意识的艺术”—— 没有人会为艺术或绘画费心，除非他们被审美体验打动，等等。

在更为理论的讨论中，人们几乎总是会回到这个相同主题上。“一个被计算机控制的机器人能有意识吗？”——除非它体验到颜色、疼痛、搔痒等等，并且它会像我们一样在意它们。如果没有感受的话，机器人
128 在一个高水平上感知或思考的单纯事实将毫无价值。

后者可能是对所提出的几乎每一个意识的“科学”解释之标准的普遍反对。事实上，在先前的一本书中，当我自己提出意识涉及特有的一种“对某人自己心智状态的思考”时，心理学家斯图尔特·萨瑟兰（Stuart Sutherland）在一篇综述中回应道：“很不幸地，汉弗莱的论

证中有一个明显谬误。脑能够表征动机、思维等等之下的过程，并且可以使用这些表征作为他人行为的一个模型而无须使这个表征出现在意识中。”[104]我认为，他正在表达一个老生常谈的观点，即意识——真正的意识——必须涉及“成为我像是什么”的原生感受（raw feel），并且没有任何一种抽象的计算有可能提供这个原生感受（至少如通常设想的那样）。

我所能说的一切就是，我自己现在已经离这个普通人的观点更近了。我赞同“成为我像是什么”事实上始终等同于体验某种感觉——的确拥有感觉构成了意识，而如果没有感觉，那么任何人、动物或机器人不会或不可能有意识。

因此，我会赞同的是，任何意识理论，如果不是一个关于感觉拥有的理论，都无法解决这个真正的问题。但我应该再次强调的是，我现在接受这一点，仅仅是因为我们发现了（正如我怀疑斯图尔特·萨瑟兰曾经做的那样）一种将感觉的绝对中心性与一个明显矛盾调和的方式——即特定的心智状态也能进入并不直接源自感官刺激的意识。甚至有这样的可能性，即一个人在特定环境中“仅仅坐着并思考”并且意识到他正在思考——但只是因为这种有意识的思想（不像无意识的思想）涉及听觉和视觉意象，并且这些意象转而有一个对它们的感官成分。相比之下，一个机器人完全可以很好地坐着并思考，但却根本没有任何此类意象。

129 # 17　探寻理论的五个特征

第 15 章做出的意识断言的真实与否必然极大地依赖于定义。在回应这个词语的公开挑战中，我想我事实上（而绝不是巧合）已经为其中大多数断言做了一些辩护——并且已经触及到意识的“身体”。但是对现在揭露和描绘的这个“真正问题”，这本书的真正工作还未完成。的确，到目前为止所做的一切都可以认为不过是这个问题的一个扩展前言：如果要有意识本质上就是要拥有感觉，那么拥有感觉是什么样子的呢？

例如，当“我有一个疼痛”（I have a pain），这里的“我”是谁或是什么；拥有感觉以什么方式成为这样一个“我”的一种属性；并且这个带有其感觉的“我”如何被置于物质的脑中？如果我们能够为这些问题提供回答，我敢说我们就已经解决了意识和心—身问题。

这个“拥有感觉是什么”的问题是（或将有必要是）一个不同于感觉的功能价值是什么的问题，或者是一个关于为什么感官表征确实要与心智生命有关的问题。我的思路是，感觉的功能是给主体提供对“发生在我身上的事情”的表征，最初是充当情感的一个中介者，但随后是给
130 主体提供与知觉和意象相联的重要的从属功能。然而，这些功能目的并

不决定精确的手段。

考虑一个付电话费的例子（因为某些原因想到了这个类比）。这个待付款是要转 165 英镑给英国电信公司（British Telecom）。这就是付款具有的功能，并且这是一旦付款完成将会实现的东西。但是正如账单的背后所写明的，我可以选择的支付方式有很多：通过现金、通过支票、通过直接扣款、通过信用卡……或通过邮寄、在银行直接交易。因为它们最终都是实现同一件事，通过现金付款和通过信用卡付款之间的区别可能会被认为是偶然的或者甚至是副现象的。可是这些不同的付款方式当然显著不同。如果我通过现金付款我会马上变得更没钱，但如果通过信用卡付款我将会暂时在财政上处于一个过渡状态。

现在，以类推的方式，尽管我的感觉确实有表征发生在我身上的事情的功能，但原则上可以有多种实现方式，并且可能并不是所有方式实际上都会有意识。因此，可能存在并且事实上确实存在这样的情况：即我接受并对有关发生在我身体表面事情的信息做出反应，但却根本没有任何感受。最明显的例子出现在睡觉期间。如果在熟睡中我的脚被掐了一下，我会把它缩回来；或者如果我的眼睑被拉开，而光照进我的眼睛，那么我的瞳孔会收缩：但很明显我仍然是无意识的，并且在这两个例子中我都没有感觉到任何东西。鉴于一个人能够这样做出反应，因此推测起来其他的有机体也可以如此。例如，当一条蚯蚓对挤压或对照在它皮肤的光做出反应时，它无需比我睡着时更多地意识到这个感觉。

于是，对人类而言，问题一定是：当我们形成这个有意识的表征时发生了什么？这一表征活动是如何完成的，它发生在哪里，它会持续多久，等等？并且既然我们所谈论的是我们自己的体验，因此这些答案（当它们出现时）最好能公正地对待我们自己对这个表征过程的内部图像。

因此，我打算首先列出一些关于拥有感觉像是什么的突出的内省观察。通过使用“突出的”（salient）一词，我的意思既是指这些内省观察在个人层面上是显著的——因为它们对我来说是明显的和有趣的，而

131 且是指这些内省观察在哲学层面上显著的——因为它们表明感觉拥有一些特异的和相当奇怪的属性（除了其他方面之外，这些属性给了感觉一个不同于知觉属性的逻辑地位）。

这里的有些是陈腐的。曾经有过一个哲学传统主张，感觉在至少如下一些方面是特别的，感觉是私人的、固有的、无法言喻的和可直接埋解的。关于这些特殊特征，我自己的清单在一定程度上与上述哲学传统有所重叠：感觉典型地（i）属于这个主体，（ii）与身体的特定位置相联，（iii）是模态特异的，（iv）是现在时态的，而且（v）在所有这些方面都是自我描述的（self-characterizing）。这些特征（我之后将进行总结并在稍后进行更充分的论述）未必相互独立。一旦我们有了一个合宜的感觉理论，我们确实会发现它们都是同一个包裹里的一部分。

我在上面强调过"典型地"，因为我将在一个非常强的意义上使用这个词。

当我说"X 典型地有一个属性 p"时，我不仅仅是说事实上所有的 X 都有一个属性 p——例如，就像事实上所有人都有一个名字一样。也不仅仅是说所有的 X 都必定有一个属性 p，例如，就像每一个人都必定有一个出生地一样。确切的说，我的意识是，对于一个 X 具有这个特定的属性，也即是使它成为构成这个特定 X 的东西；换言之，如果不提到 p，那么一个 X 就不能被赋予 X 的个性或被描述为所是的 X。

例如，在这个非常强的意义上，我可能会说，"硬币典型地具有一个价值"，原因就是：如果不提及它价值几何，那么一个特定的硬币便不能被描述为所是的硬币；或者"国家典型地具有边界"，原因就是：如果不提及边界位于哪里，那么一个特定的国家便不能被描述为所是的国家。

这里想表达的意思是，某物是"自我描述的"不容易例证，尤其是因为在我意指的意义上，除了感觉很少有东西是自我描述的。但当我说“X 自我描述为有属性 p”时，我的意思（目前）大致是，X 是“不言而喻的”（tells its own story），因为任何见证 X 的人都立即并自动地 132
觉知到 X 是 p。这当然相当于不仅仅典型地是 p——硬币典型地有一个价值的事实并不意味着任何手中持有一个硬币的人立即就会知道它的价值，或者国家典型地具有边界的事实并不意味着生活在一个国家的人立即就会知道边界在哪里。但感觉是自我描述的事实将意味着任何感受到一个感觉的人立即就会知道它的属性是什么。

感觉典型地属于这个主体

所有这一切的出发点是，“发生在我身上的事情”也就是发生在“我的具身自我（embodied self）身上”的事情。每个个别的人类身体——它包含在标志着“我”与“非我”之间物理边界的物理薄膜中——在结构上、生理上以及很多方面在信息上都与世界中的其他每一个身体隔离。发生在这个特定身体上的事情最首要的关心放在它栖居其中的这个活着的人。“生命”这个词本身来自于 *leib*，意思是身体，并且我们使用 some*body* 或者 any*body* 作为 some *person* 或 any *person* 的同义词并不是偶然的：有一个不同的身体就是一个有着不同生命的不同的人。

因此，一个表征“在我的具身自我身上发生的事情”的感觉描述显然不能不提及与之相关的身体的感觉。并不仅仅是：我感受到的感觉碰巧（似乎是偶然地）与这个身体相联系。而是如果它们与任何其他身体相联系，则它们必然有不同的感觉。当我脚趾感到疼痛时，我感受到的疼痛是在*我的*脚趾上，而任何未提及这个脚趾是我的描述都是不完整的。

因此，我感受到的感觉不可分割地是我的感觉，我以一种任何其他人没有或不可能有的方式对其有一个所有权关系——即我拥有它们。我脚趾上的疼痛属于我，并且在原则上甚至不能与任何他人分享或转让给任何他人。

的确我与其他人各自都可以感受到非常“相似的”感觉。例如，当我们都注视同一道彩虹，品尝同一个芦笋或者听着贝多芬第五交响曲的
133 同一个序曲时，我们可能确实感受到了非常相似的感觉，因为在这种情况下，发生在我身体上的事情必定与发生在他人身上的事情非常相似。可是关键的事实依然是，“发生在我身上的事情”是发生在我身上的，而“发生在他身上的事情”是发生在他身上的，并且因为我与他是分离的存在，因此这些感觉永远都不会是一样的。

当然，原则上并不会妨碍其他人通过其他手段而不是通过拥有他自己的感觉来了解发生在我身上的事情。因为“发生在我身上的事情”在特定情况下对他而言也是“发生在外界的事情”的一部分：换言之，他可以在我的身体表面感知到我自己正在感觉的相同事件。例如，他可能用他的眼睛看到在我脚上有荆棘，他可能用他的手感受到我眉头是烫的，或者他可能用他的耳朵听到我正在打喷嚏。可是尽管如此，他可能因此知道同样的客观事实，但他仍无法像我一样体验它们。

因为我也可以对我自己的身体采取一种第三人称视角（third-person view），不仅其他人而且我也能将发生在我身上的事情感知为一个发生在外界的特例的事件。并且必须要注意，我对我身体的知觉（与我的感觉不同）不是以这种方式私自拥有的。例如，如果我用手指抚摸我前额的瘀斑，我能感知到在我的皮下有个肿块；而如果你用手抚摸这个瘀斑，你可以感知到完全相同的事情。但我们之间的差别会是：当我用手指抚摸我前额的瘀斑时，我不仅拥有那里有肿块的知觉并且还拥有肿块被触摸的感觉，而当你用手指抚摸我前额的瘀斑时，你拥有相同的知觉却错过了感觉。

总之，知觉不是私自地拥有的，因为“外界”（out there）一般不同于“我，我的身体”。因此，对于发生在外界的事情的知觉通常可以根本不以任何方式提及主体或他的身体而被描述为它所是的知觉。例如，当我具有“桌子上有一个红苹果”或者“钟表正在进行4点报时”的知觉时，这些知觉的内容尤其与我无关。同样，当我和其他人注视同一道

彩虹、品尝同一个芦笋，或者倾听同一首音乐时，不存在我们的知觉内容不该完全相同的任何理由，正如与我们的感觉截然不同。

正如米兰·昆德拉（Milan Kundera）写道："人很多，想法很少： 134
我们或多或少都想的一样，而且我们交换，借用，窃取彼此的想法。然而，当有人踩到我脚时，只有我感受到了疼痛。"[105]

感觉典型地与身体空间的位置联系在一起

感觉的身体性有比它们属于一个人而不是另一个人的事实更多的东西。因为，除了出现在我身体中，我的感觉总是发生在某个特定的地方。当然重要的不是物理空间中所界定的绝对位置，而是根据身体坐标所界定的位置：在我身体空间中它位于哪里。如果我用脚触摸一株荨麻，接着用我的手触摸同一株荨麻，那么我会有两种不同的感觉，尽管引起这两种感觉的事件可能出现在相同的物理位置。

因此不提及它出现在身体空间的哪里，一种感觉不能被描述为它所是的感觉。当我在我的脚趾上感到疼痛时，我感受到它就在我的脚趾上，若不提及脚趾，那么没有任何描述是完整的。这不仅仅是我感受到的这些感觉恰好位于它们所在的位置，而是如果一种感觉具有任何其他位置，那么它将是一种不同的感觉——我脚趾上疼痛的感觉不同于我大拇指上疼痛的感觉。

感觉的这个特征可能对触觉感官最明显，但对其他的感官同样如此。我的味觉在我舌头上有一个感受区，我的嗅觉在我的鼻孔中有一个感受区。同样，我对光和声音的感觉在我的视觉和听觉场内有感受区。对于味觉和嗅觉，其位置可能不总是那么精确；尽管如此，我舌尖上甜味的感觉与我舌根上甜味的感觉是不一样的，并且不可能有一个我膝盖上甜味的感觉。对于光和声音，其场内的位置就精确得多，以至于，例如，视觉场内角度只差一点的两颗星星会引起非常不同的感觉，同样在听觉场内角度只差一点的两个滴答声也会引起非常不同的感觉。

135 诚然，就视觉和听觉场而言，感觉实际上并没有被感受到位于眼睛的视网膜或耳朵的基膜（basilar membrane）本身的身体表面。相反，这些场是由以头部为中心的一系列半径范围构成，它们界定一种视囊或听囊。尽管如此，它们是我身体空间的一部分，随我的眼睛或头部而移动。如果我在黑暗中形成了一个明亮灯泡的后象并接着四处走动，那么这个感觉会留在视觉场的相同位置并随我一起四处移动。

这里，感觉与知觉之间再次出现了鲜明的对比。我的知觉无需提及我的身体，由此，它们更无须提及我身体空间的任何特定区域。当我用右手感知到“在地板的某某位置有一只蜗牛”时，知觉可以在不提及我右手的情况下被很好地描述，并且事实上用我的左脚我可以有完全一样的知觉（然而会有不一样的感觉）。同样，当我在我的眼角余光处感知到有一只鸟刚刚落在窗台上时，知觉可以在不提及使用我视觉场哪一角的情况下很好地被描述，并且事实上从我眼睛另一角的余光处我可以感知完全相同的事物（然而再一次会出现一个不同的感觉）。

感觉典型地是模态特异的

对感觉还有更多的话要说。除了有一个特定位置，我的感觉始终属于一个特定品质的类别，与发生在我身上的事情的种类——在我身体表面的刺激是否有机械压力、热、光、声音、香味或诸如此类的东西——相关，特别是它如何影响我的。

因此我感受到的每一种感觉都属于一种与众不同的“感官模态”，触觉的、视觉的、听觉的、嗅觉的、味觉的或其中之一的一个亚模态。不提及感觉属于哪种感官模态就不能将一种感觉描述为它所是的那种感觉。当我感受到脚趾上的疼痛，我把它感受为一种疼痛，并且任何不能提及其痛苦性的描述都不完整。此外，不只是感觉恰好拥有与之相关的
136 品质，而是如果感觉有一个不同的品质，那么它将会是一种不同的感

觉——我舌头发痒的感觉与甜味的感觉是截然不同的感觉，即使它们可能发生在相同的地方。

感觉的这种特征与先前的特征之间似乎存在明显的联系，即在具有一种模态性与具有一个确切的身体空间中的位置之间的联系。这两者之间当然存在显著的相关性，因为味觉感觉只出现在嘴里、视觉感觉只发生在眼睛上等等是一些无可争辩的事实。但位置与模态之间的这种相关性可能在某种程度上是偶然的，是一种人类身体碰巧是如此构造的结果。尽管我从未在耳朵中具有味觉感觉，或者从未在鼻孔中具有视觉感觉，但我还是可以想象如果我是另外一种生物我可能会有这样的感觉。正如我自己在嘴巴里既可以有触觉感觉也可以有味觉感觉，如果我是一只章鱼，可能就会在我的手臂中既有触觉感觉又有味觉感觉。

随后我还会更多地谈论感官模态的本性。它们绝对的区别性——即一种模态与另一种模态之间的裂隙——是关于感觉的最不可思议的事实之一。每种模态可以说是一个单独的领域，（至少在想象中）在这个领域内可以流畅地漫游，但在它们之间没有任何可想象的桥梁。我能想象地穿过从红色到绿色、从酸味到甜味、从挠痒（tickle）到触痒（itch）、从升 C 调到降 A 调间的无中断的谱线，但绝无想象能使我从红色到酸味，或从挠痒到降 A 调。

这种不同模态感觉之间的裂隙当然要比那些存在于不同位置的感觉之间的裂隙更绝对。我可以想象一个从我的牙齿到我的脸颊然后到我的眼睛的疼痛感觉的连续谱线，（如果我真的努力尝试）我甚至能够想象从我的眼睛到我的舌头的视觉感觉的连续谱线。但我根本无法想象我舌头上的触觉感觉通过连续进展变成为一种视觉感觉，它似乎与我舌头上的触觉感觉变成为别人舌头上的触觉感觉一样难以想象，几乎就像是涉及两个单独所有者的不同模态。

然而无论怎样，让我们再次注意：由于是模态特异的，感觉如何与知觉形成对比。既然知觉不关注刺激本身的本性而是关注它在外部世界 137
中所指称的东西，因此它们根本无须提到任何一种感官模态，并且事实上它在本质上是非模态的（amodal）。的确，在原则上不存在任何理由来解释为什么同一个知觉不应以完全不同的感官系统为媒介。例如，我可能通过我的眼睛、耳朵、皮肤、鼻子或者所有这四者的综合得出“下雨了”或“门口有一条狗”的知觉表征。此外，在之前所讨论的“皮肤视觉”的怪异例子中，某人能够通过使用他后背的皮肤而不是眼睛而具有一种典型的视觉知觉，例如“月亮升起来了”或“在房间的角落里有一个三角形的物体”。

感觉典型地是现在时态的、现存的实体

源自感觉是对“发生在我身上的事情”的表征的一个进一步的事实是，感觉有一个它们所指涉的时间，即正在发生了的事情出现的时间　　即“当下”。严格来讲，所有感觉都是现在时态的。当我在我的脚趾上感到疼痛时，我立刻感受到有一个疼痛；对我而言感受到昨天曾有一个疼痛，或明天将有一种疼痛是毫无意义的。

此外，感觉有一个值得注意的“寿命”。即每一个感觉只要表面刺激继续，那么感觉大概就会存留。尽管寿命可能非常短暂，正如一道闪电所创造的感觉，即使如此感觉在停止之前也必须至少持续片刻。由此可以说感觉存在，并且甚至是作为个体存在物（individual entities）而存在。当我感到脚趾上的疼痛时，这种感觉在一个特定的时间开始，持续如此久，并最终消退或改变。但是当它持续时，它是同一个个体的疼痛。并且如果在停止后感觉再次开始，那么现在这将不是之前的疼痛而是一种相同类型的新疼痛。同样，当我注视我书房的绿色墙壁时，我感受到了一种始终保持不变的绿色感觉，直到我转移目光。并且如果在转移目光之后我再转回来看，那么我现在感受到的绿色感觉就不再是同一个感觉，而是之前那种感觉的一个新实例。

138 因此每一个感觉必然在我感受到它的那一刻存在。并且如果不提及这个当下时间是何时，那么就无法将一个感觉描述为它所是的感觉。这

不只是它恰好现在出现，而是如果这个感觉发生在任何其他时刻，那么它将会是一个不同的存在物。

恰好，在任何时候我们始终是持续了或长或短时间的整个现存感觉群集的主体。例如在此刻，我有好几分钟感觉到冷，有大约 30 秒钟闻着咖啡的香味，以及有种种少至几分之一秒的时间注视和倾听我当前的视觉和听觉感觉。所有这些共存的感觉一起组成当前“在意识中”的东西，并且可以说它们共同构成了这个“意识的当下”。

在所有这些方面感觉与知觉都不一样。首先，知觉不仅可以指涉当下，而且还可以回到过去或期待未来。我们不仅可以知觉到正在下雨，而且还能知觉到已经下过雨或者将要下雨。但此外，与感觉不同，知觉不会存在任何长度的时间。确实它可能会花我们一些时间来接受到达一个知觉所需的信息。事实上，根据语法，知觉严格地说来始终是“完成时的”（perfective）——已经完成了，反之感觉通常是“未完成时的”（imperfective）——正在继续和未完成。“我知觉到交通灯是红色的”意味着我刚知觉到它，但已经是过去了；而“我感觉到一个红色感觉”意味着我依然在当下正感觉着它。

在属性 1 到 4 方面，感觉是自我描述的

现在我们来看看我所列出特征中或许最根本——也是最复杂——的特征，即感觉是自我描述或自我揭示的。感觉讲述它们自己的故事，或者泄露它们的特征属性（characteristic properties），以至于主体能够直接并且立刻觉知到它们。

当我在我的脚趾上感到一个疼痛时，对我而言感觉作为它所是的感觉就在那里，无需做出任何一种心智努力，来将其归类为一种感觉而不是另一种感觉。的确，我在这个例子中的印象不过是*我的脚趾感到疼*； 139
而当我的脚趾感到疼时，正是我的脚趾（而不是我身上的其他部位），正是以一种疼的方式表现（而不是以视觉的、味觉的或嗅觉的方式），

正是现在在疼（而不是其他时间）——这些事实可以说是原始的事实，关于这些事实我不可能有任何怀疑。我肯定无需“根据推理得出”，它“大概”是我的脚趾而不是你的，是我的脚趾而不是手指，是一种疼痛而不是一种气味，出现在此刻而不是 5 分钟前。相反，似乎这些属性隐含在感觉里面，以至于可能性和推理不会进入其中。如果你喜欢，那么感觉就是“现象上直接的”（phenomenally immediate）。

这个显著结果之一（它清楚说明了这个现象的实在性）就是，在我处于任何位置并根据它所指称的东西去分析刺激，更不用说在以语言描述它之前，我就能够感受到被一个刺激唤起的感觉：较之我在知觉水平上已经面对的东西，我的感觉在任何时候都包含更多的东西。尽管这适合所有感官模态，但可能对视觉最明显。当我处在一个黑暗的房间里而灯突然亮起来时，我立刻通过我的视觉场体验到颜色感觉（即使它们有点模糊并且朝边缘方向逐渐褪色）。可是，当我感受这些感觉的整个场时，我最初在知觉上还远远没有充分了解这个房间。事实上，当灯突然点亮而我接受了作为感觉的所有色斑时，可以说，我最初处在一个“超出我的各种手段进行看”（seeing beyond my means）的奇特位置，我正感受着的感觉是迄今为止我根据分类描述没有办法偿付的。

这一点能够通过一个反应时的实验以一种更基本的方式进行阐释。假设几种颜色之一的一束光线出现在我面前的屏幕上，我的任务是尽可能快地识别这个外部颜色（即在知觉上识别它）并按下一系列相应的按钮。于是如果只有两种颜色选择（即红色与绿色）以及两个按钮，那么我大概需要 1/4 秒的时间来做出反应。但如果有 8 种颜色选择，即红色、橘色、黄色、蓝色、绿色、白色、粉色与紫色，那么我大概需要将近 1 秒钟的时间才能做出反应。原因就是在前一个例子中我只需要做出 1 个二元决策，但在后一个例子中我需要做出 3 个二元决策；并且在知觉水平所做出的每个决策都需要花相当可观的（appreciable）时间。但
140 是尽管需要将近 1 秒钟的时间来决定它是 8 种颜色之一的黄色，但感受黄色的感觉不会需要那么长的时间。事实上，我会说我几乎是即刻感受

到了这种感觉，而不管需要从多少种替代选择中进行选择，并且的确我不需要做出任何决策我就能感受它。

这如何可能以及这意味着什么——它们给一种感觉理论提出了一些重要问题。但关于这个答案存在一个最初想法。再次以我的脚趾为例，正如我所说的，我的印象是，当我感到疼痛时，我的脚趾受伤了。但并不那么简单。因为，如果我的脚趾主动地受伤，而我的脚趾是我的一部分，那么或许可以合理地假设在某个水平上我主动地涉入实施这受伤行为。的确，可能是我主动地创造了这种感觉，甚至为它发布指令，而不仅仅是接收它——以至于感受感觉就与一种意向活动有了共同之处。并且，如果这是它的方式，那么我所发布的制造这种特定感觉的指令将是在我心智面前的首要事实。因此，正如当我指使自己挥动手臂时我无须问自己我正在做什么一样，当我脚趾感到疼（或者我的眼睛感觉到黄色）时我也无需“问我自己我正在做什么”。

除了这 5 项，我还可以列出感觉的其他特征。但这些肯定已经足以继续了。如果我们能够就感觉的这个 5 个特征如何作为人脑中一个合理机制的逻辑 / 生物的必然结果而出现，提供答案，那么我们会比迄今为止的任何理论家做得更好。

下一章我们开始探寻这个答案。

一个警世寓言也许是恰当的。我小时候曾去诺福克湖区（Norfolk Broads）其中的一个湖钓鱼，并且钓到了一条重 23 磅的大梭子鱼。在我将它拖上岸之前，我为之奋斗了将近 1 个小时。我敲它的头，把它绑起来，系在我自行车的横杆上，并且骑了 5 英里去我祖母家。比顿夫人（Mrs. Beeton）的食谱给出的建议是把梭子鱼在盐水中浸泡 12 个小时。我把浴缸装满水，倒入一盒盐，并把我死掉的梭子鱼投进去。几个小时

141 后，当我在楼下火炉旁读书时，我听到了很大的水飞溅的声音。这条梭子鱼再次苏醒过来，跳出浴缸，并且在地板上不停地拍打。这个故事的寓意是：抓鱼是一回事，而烹饪它是另一回事。

18 所有权问题（左舷航向） 142

当我感受到疼痛、味道或一种红光的感觉时，这种体验专属于我，它们是我自己的。

在上面这被援引为感觉的第一（可能也是最明显的）特征，而它的真实性和意义被认为是直观清楚的。可是当你考虑它的时候，“所有权”，尤其是不可转让的和私人所有权的观念确实是一种非常奇怪的观念。

与这里已揭示的相比，还存在更丰富的内容。但为了抓住它们，我们的讨论必须覆盖更广的范围。因为它不仅与“所有权”究竟意味着什么所提出的感觉问题有关。这里还有一些是我自己的其他东西：我的房子、我的花园、我的自行车、我的狗、我的鞋子、我的脚、我的声音、我的记忆、我的行为、我在镜子中的肖像、我对这本书的写作。而如果这些例子中的确有一些有点令人费解，那么考虑 17 世纪英国神秘主义者托马斯·特拉亨（Thomas Traherne）对于所有权提出的更为引人注目的主张：“街道是我的、寺庙是我的、人们是我的……天空是我的，并且太阳、月亮和星星也是我的；整个世界都是我的，我是它唯一的旁观者和享受者。”[106]

即使是对于外部物体（大部分人可能会以它们为范例），所有者与被拥有的东西之间关系的本性在理论上也还远远没有弄清楚。我说花园
143 是我的：它属于我，我拥有它。但对还不知道我谈论的是什么的人来说，我将如何向他解释？让 – 雅克·卢梭（Jean-Jacques Rousseau）在《不平等论》（*Discoursc on Inequality*）中写道：“第一个圈了一小块地的人说‘这是我的’，并且发现人们愚蠢到相信了他的话，这个人是文明社会的真正的建造者。”[107] 但或许这并不是一个他们是否相信他的问题，而是他们是否理解他究竟是什么意思的问题。

语言学家雷·杰肯道夫在最近的一篇文章中问到：“X 拥有 Y 意味着什么？”并且回答了自己的问题：“粗略地说似乎就有三个部分：（a）X 有权如其所愿地使用 Y；（b）X 有权控制任何其他人使用 Y，并且对非他所允许的使用者实施制裁；（c）X 有权放弃权利 a 和权利 b。”[108] 因此，与卢梭一样，杰肯道夫认为所有权本质上是一个社会概念，这个概念是基于与他人所达成的所有者有着特殊权利的协议。事实上，他继续指出，所有权的概念，与其他诸如亲密和支配等关系一起，可能实际上在灵长类演化的后期作为“社会认知模块”的一部分先天地预设在人脑中——即一种先天的社会语法。

关于基于生物的社会语法的观念（以及在不同语境中我已经做出的类似建议[109]）还有很多可以说的。但我不认为所有权属于那里，或者至少不认为它源于那里。因为，如果所有权的概念本质上是社会的，那么它就意味着在人们拥有对社会权利的理解之前，这个概念不可能出现。这似乎非常不可能。即使通过约定一个人拥有他世俗的财物是正确的，或者甚至通过约定一个人拥有他的鞋子是正确的，但也几乎不能通过约定一个人拥有他的脚是正确的。而如果某人拥有他的脚，并且他自己知道他拥有它们，那么似乎非常有可能，他有（并且贯穿在人类历史中他始终有）理解一般所有权的基础。

可论证的是（并且我也这么认为的），所谓的私有财产观念在心理学上无非就是“我的身体、我的自我”的隐喻拓展，即设置更宽泛边界

的问题。人（并且不仅是人，以一条咬着骨头的狗为例）当然都表现得好像将对他们个人财产的侵入和侮辱视为相当于对他们身体舒适（well-being）的威胁。偷窃某人的财产，他可能会感到自己被侵犯；非法入侵 144
你邻居的土地，他可能会认为他有仿佛你踩到他的脚趾而驱逐你的权利。“我们的身体是我们的花园”，埃古（Iago）说。我们的花园、我们的车、甚至我们银行里的钱，都往往被视为我们身体的前哨站。甚至对一个人的作品也是如此：当有人剽窃了他的想法时，看看一位作者将如何做出反应。

于是让我们假设，所有权的观念开始时根本不是作为（并且在我们每个人中也仍然不是作为）一个社会概念，而是作为一个高度个人主义的观念。实际上，不是外部物体提供所有权的首要范例而是反过来。“我的”从“自我”获得意义。实际上，首先属于我的东西是那些属于我身体一部分的东西，只是随后这个概念才延伸到了其他种类的所有物上。

可是这只是取代了所有权的起源问题而没有解决它。因为不管所有权的观念是多么原始和个人主义的，我们都不应该想象，人类生而具有他们的身体是他们自己的这个观念。而是，当一个孩子第一次来到这个世界时，他自己身体的物理范围和限制想必是必须通过体验才能发现的事情，甚至他脚的所有权也几乎不可能是给定的。

所以，问题就成了所有权的这个首要实例本身是如何生根的。一开始，个体建立他自己身体的各个部分事实上属于他，其所依据的心理或逻辑的标准是什么？是否有一些依然是身体的所有权之前的东西，即一个属于更基本的实例，它充当了其他东西是或不是“我的”的最终决定因素？

我认为是有的，并且它取决于这个“我”（即拥有者，作为或许被称之为我的“执行自我”的东西）的观念。作为一个拥有者的我的个体存在的核心事实是，“我”是一个我的身体受它控制的自愿行动者。

这似乎是一个分析真理（analytic truth），而不是某个必须通过体验建立的东西，即“我”作为一个自愿行动者无疑拥有的这一类事物是我的意欲（volitions）——源起于我心智内并被转化为行动的计划和意图，
145 构成了“我”做的事情。例如，当“我”用意志力使我的手臂移动时，移动它的指令不能是别的而只能是“我的”指令。如果这类指令必然是我的，那么源于它们的行动也必然是我的。但是，既然这类行动始终由一组特定的身体附属物产生，于是作为一个偶然真理（contingent truth）可以断定这些身体附属物本身也是我的。此外，既然事实上我独自具有这个与身体的特殊关系，所以不仅我的身体是我的，而且在这个方面它以私自和不可转让的方式是我的。

一个不寻常的例子应该足以独特地证明这个规则，即连体婴（Siamese twins）的例子。

假设我自己有一个双胞胎的兄弟，腰部是连在一起的，他与我共享相同的皮肤以及部分内脏，但我们每个人都有我们自己的（sic）头和四肢。正如我们从真正的连体婴的例子中看到的，双胞胎中的每一位事实上都把自己呈现为一个独立的“我”——一个独立的自主体（agency），他以独立的声音说话并且有他自己的思想、感受等等。甚至在法律上，双胞胎中的每一位都将被认为是一个独立的个体，具有个人财产所有权的权利［20 世纪的那对女性双胞胎，比登登姐妹（the Maids of Biddenden），有各自独立的丈夫、独立的孩子，并且在她们死之前还立下了独立的遗嘱］。外部所有物是分开的，然而，第一个事实是双胞胎中的每一个都自信地宣称连在一起的身体的某些特定部分是他的而不是他兄弟的。

因此，我在这类情况下会声称相连身体的哪一部分是特别地属于我？我想象我会声称是我的东西（以及事实上真正的双胞胎确实声称的

东西）就是“我”所控制以及所代表的那组肢体。这条手臂是我的，因为它只服从我的意志，那条手臂是他的，因为它只服从他的意志。

还有大量更日常的情形证实了这个分析是有效的。例如，在一个超市里，我在保安电视检测器上看到一个身影和我自己的很像。我如何查明这个我正注视的身影是否是我的呢？我挥一挥我自己的手臂：如果这个身影是我的，它也会挥挥手。或者（多少有些牵强）我让我的一只手 146
与某个其他人的手缠在一起，当注视着这一团手指时，我不确定哪些是我的哪些是他的。对这些手指我如何做决定呢？我会尝试着摆动它：而如果是我的，那么这个手指就会动。

对于成年人而言，通常这类“自我一测试”当然不过是自我确认，而不是自我创造和界定。但它们在早期婴儿阶段起着更重要的作用。人们会观察到，人类婴儿（以及其他很多物种的婴儿也是）要花相当多的时间仅仅注视自己的手臂或腿在空中挥舞，正如它们通过自己的动作来研究世界上究竟哪些部分属于或者不属于它们。这个原则可能并不完全可靠，但从长远来看是成功的：“如果某个东西只要我用意志力驱使它运动它就运动的话，那么它就是我并且就是我的。”

与此一致，儿童心理学家丹尼尔·斯坦（Daniel Stern）描述过这样一个试验，试验的被试是两个真实的连体婴。[110] 这两个 4 个月大的女孩爱丽丝和贝蒂（Alice and Betty），在肚子的位置面对面地连在一起，以至于她们始终彼此面对面。结果经常是，一个人最后会吮吸另一个人的手指，反之亦然。假设正在吮吸的双胞胎的一人享受这个活动并想让这个活动继续，斯坦的问题是：如果这条手臂被拉开，她知道该如何做出反应吗？她知道她正在吮吸谁的手指吗？

斯坦做了如下实验。当爱丽丝正在吮吸她自己的或贝蒂的手指时，他轻轻地把这条手臂拉开并观察发生了什么。他发现如果在爱丽丝嘴里的正是爱丽丝自己的手指，爱丽丝的手臂会反抗；而如果在爱丽丝嘴里的是贝蒂的手指，贝蒂的手臂不会反抗，并且爱丽丝（自由的）手臂也不会紧张——尽管在后面的例子里，爱丽丝确实尝试让她的头跟着手指移动。看来爱丽丝无疑知道她们偶然结合在一起的身体的哪些部分受她的控制。斯坦写道：“爱丽丝似乎……不会混淆谁的手属于谁。”

如果某些人不能控制他们自己的身体将会发生什么？我们都了解，由于供血减少一条手臂或者一条腿暂时“入睡”的特殊体验：在这一刻，麻痹的四肢成了一种外来的东西。但如果这种麻痹作为脑损伤的结
147 果持续更长的时间，其影响可能会更加令人不安。这样的脑损伤患者会不承认他们自己的四肢吗？

回答是，这种情况有时确实会发生（尽管绝不始终如此）。当患者一侧瘫痪后，他们被描述为断然否认受影响的四肢确实属于他们。

这是神经病学家爱德华多·毕夏克（Eduardo Bisiach）所报告的内容。“这些失调的一个最小形式（minimal form）可以在四肢的末端感受中被看到，被患者明确地提到，或者从他们应用于它们的怪异绰号中推断出……在严重的情况下，患者声称四肢属于他人，例如，属于检查者。这些妄想信念的内容可能是完全荒谬的：患者可能声称手臂属于之前救护车中被运送的病友，或者是之前的患者遗忘在床上的。有时患者对这个被拒斥四肢的态度相当宽容，而在另外一些情况下他们会被这些四肢的存在激怒并坚持要把它们拿开。在某些例子中（尽管它们很罕见）可以观察到对于异己四肢的狂怒憎恨状态甚至是身体暴力。”[111]

毕夏克叙述了下面这个患者的采访，这个患者身体左侧瘫痪了（并且他看不见瘫痪的那一侧）：[112]

> 检查者将患者的左手置于其右侧视觉场内，问他“这是谁的手？”
> 患者：你的手。
> 检查者随后将患者的左手置于他自己的手中间，并且问：“这

些是谁的手？”

患者：你的手。

检查者：有几只？

患者：三只。

检查者：你曾见过三只手的人吗？

患者：一条手臂的末端就是一只手。因为你有三条手臂那么随之而来的就是你必定有三只手。

检查者随后将他的手置于患者的右侧视觉场内，并且说：“将你的左手放在我手的对面。”

患者：给你（没有执行任何移动）。

检查者：但我没有看到它并且你也没有看到它。

患者：（在持续很久的犹豫之后）你看，医生，手没有移动的 148
事实可能意味着我不想举起它……

因此患者不仅否认手属于他，而且当受到间接证据挑战时最终引起对他自己意图的怀疑，这些怀疑当然不完全真实，因为我们几乎能听到他对自己窃窃私语，就像伽利略一样，“但我确实想移动它”。几乎不存在一个有关作为所有者的自我与作为行动者的自我之间联系的更有力证明。

埃古说：“我们的身体是我们的花园，对这些花园我们的意志就是园丁。”[113]

起初的问题是：尤其是对于感觉以及一般地对于我们的身体和超出我们身体的世界，说“这是我的”意味着什么？

就“我”是一个自愿的行动者而言，我的意欲是我自己的，并且在事件的正常过程中，这些意欲特有地并且唯一地引起我身体的运动。因此人们会将对他们自己身体的自愿控制，视为这些身体是否事实上属于他们的标准。但此外，尽管外部世界中没有任何“我”以我控制自己身体的相同方式控制的东西，但存在其他一些我实际上（de facto）是控制者的东西。因此，引申开来，人们也将这个作为外部世界中的其他东西是否也属于他们的标准。

所以，我们看到杰肯道夫的标准（即“X 拥有 Y”就是“X 有权如其所愿地使用 Y”，或者诸如此类的）如何从身体的开端演化到覆盖一般的私人所有物。正如我的身体是我的，因为我有用我的手臂、腿、舌头等做事情的自然能力，所以我的花园、我的自行车、我的狗、甚至我在这本书上所做的工作是我的，因为我有用它们来做事情的能力（以及一种社会权利）。

的确，正因为这就是所有权的含义，所以托马斯·特拉亨的主张（即“太阳、月亮和星星都是我的”）才让我们觉得如此怪诞并且最终
149 是愚蠢的。因为不存在任何他或者其他人能够利用太阳、月亮和星星来做的事情。他的马可能属于特拉亨，权杖可能属于他，泰姬陵（Taj Mahal）也可能属于他，但星星不会——即使是卢梭的高贵的野蛮人也绝不会蠢到相信这一点。

可是托马斯·特拉亨可以注视这些恒星。

> 注视这些恒星！看，仰望这片天空！
> 哦，看所有坐落于空气中的火星（fire-folk）！[114]

他可以对落在他自己眼睛上的光线做出反应，并且自忖：这是发生在我身上的，我正在感觉这些恒星，我是这种感觉的“唯一的旁观者和享受者”。

那么，对于感觉呢？它们能因为任何像与我的花园、鞋子、脚、动作或意欲一样的理由是我的吗？并且，如果这样，这些水平的哪一个提供了恰当的对比？我的感觉能因为它们以某些特异方式在我的执行控制下而是我的吗？

当前论证进行的方式可能似乎没有希望。（1）我的身体是我的，是由于我能用它做事情。（2）我的财产、土地等是我的，是由于我也能用它们做事情。（3）结论：我的感觉是我的，是由于我也能用它们做事情（？？）。如果这就是真的论证结构，那么它不会成功。没有人会用感觉做事情。虽然我能摆动我的脚趾，或者花我的钱，或者用栅栏拦起我的土地，但我无法用我的疼痛、味觉或对红光的感觉做任何可以与前面那些相比较的事情。感觉恰恰不是那种以这种方式被作为一个动作对象的实体。

那么感觉是哪种类型的实体，以及它们如何事实上如此明显地是“我的”？依其自身，感觉有可能事实上更接近是一种身体活动而不是活动的对象吗？

例如，考虑这个句子的语法：“我感受到我脚趾上的疼痛”（I feel a pain in my toe）。根据“我 / 挖 / 我的花园”（I / dig / my garden）的模式，解析这个句子的明显方式可能是“我［主语］/ 感受到［谓语］/ 我脚趾上的疼痛［宾语］”）（I [subject]/feel [verb]/a pain in my toe [object]）。但根据“我 / 挥舞我的手臂”（I / wave-in-my-arm）的模式，解析这个句子的可能正确的（尽管不是那么明显的）方式可能是：“我［主语］/ 感受到—疼痛—在—我的脚趾上［谓语］”（I [subject] / feel-a-pain-in-my 150
toe [verb]）。于是我脚趾上的疼痛可能是一种感受*方式*，而不是感受的对象，正如挥舞我的手臂是一种行动*方式*，而不是行动的对象。

“感受我脚趾上的疼痛”这种体验当然与“挥舞我的手臂”的体验不是同一种活动。然而，疼痛以及其他感觉可能是“准—身体活动”，它们隐含地涉及在感觉被感受到的区域中的某些运动——而这至少会使它们在逻辑上来自与公然的活动一样的地方。的确，“我”，我的感官自我，事实上只是“我”的另一面，即我的执行自我。“我”能为我自己做这个动作和讲话，并且最终“我”也会有这个感受。

在前面的段落中包含的很多内容，如果没有马上理解，那么也会很快变得更清楚。但是，作为对未来东西的品尝，借助尝试一个古怪的论证，我将圆满完成对所有权的讨论。

再次考虑我的手指与其他人的手指缠在一起的例子。如果我对一个特定的手指是否属于我有所怀疑，正如我说过的，我可以通过尝试主动地动一动我的手指并观察结果来决定这个问题：如果当我想要它动的时候它动了，那就使得它是我的。但还有一种我可以使用的替代方法：我可以简单地伸过我的另一只手并掐一下这个手指，如果我感受到疼痛的感觉，那也会使得这个手指是我的。

现在假设有理由相信（我并没有说存在这样的理由，但我也没有说不存在这样的理由）这两种方法中的第一种在逻辑上是首要的，以至于说到底我能够确切地知道这个手指属于我的唯一方式可能就是通过用它执行某种意向行动。这就暗示，我在自己手指上感受感觉的同时在逻辑上也必须涉及我执行（或者至少打算执行）这样一个行动。

尽管它很突出，但这或许是一个太古怪的论证，以至于无法令人信服。但如果更宽容一些，不妨考虑下。

19 索引词问题（右舷航向）

151

乍一看，感觉等价于身体活动的观念听起来可能非常古怪（尽管已经碰到所谓感觉的状语理论的读者可能不会觉得它像某些理论那么古怪[115]）。的确，你可能会认为它最多只提供一个有趣的类比，而不是一个感觉实质上是什么的理论。

是的，一旦人们留意它，这个类比就开始显得出奇的有趣。因为除了已经选出的那个相似性，在这两类现象之间当然存在形式的相似性。例如，将“摆动我的脚趾”像是什么与“感受一下我脚趾的疼痛”像是什么进行比较。除了两者都是我的这个共同点外，“我脚趾的摆动”活动与“我脚趾感到疼痛”的感觉在如下所有方面都是相似的。

像感觉这样的活动涉及我身体的一个特定部位［如果不提及活动发生在哪，那么就不能将其描述为它所是的活动——即是脚趾而不是（比如说）手］。

像感觉这样的活动是一种有着其自身寿命的现在时态的过程［如果不提及活动什么时候发生，那么就不能将其描述为它所是的活动——即正是在摆动发生的那一刻而不是（比如说）昨天］。

像感觉这样的活动有一个对它的品质维度，在某些方面类似于有一种模态［如果不提及身体运动出现的方式或状语风格，那么就不能将其描述为它所是的活动——即它是以摆动的方式而不是（比如说）一个抓住的方式被完成]。

152 此外，像感觉这样的活动在现象上是直接的（它的特点难免直接被我所知——因为，我自己，即这个运动的作者，实际上发布了让我的脚趾摆动的指令）。

可是，仅仅这个形式水平上的相似还不足以构成一个好的理论。并且，为了在上一章提出的更有抱负的方向上取得进展，我们需要确立的是，这个类比实际上更接近一个真正的同源（homology）：换言之，感觉实际上是一种身体活动。

此外，假设可以证明：超出这些纯粹的相似之处，感觉与身体活动至少共享一个只有身体活动才会有的关键属性。假设我们可以沿着下面的线索增加一个论证："只有身体活动才能有如此这般的一个属性；感觉有这个属性；因此，感觉一定是一种身体活动。"

碰巧，上一章结尾的那个论证也或多或少有这个结构——这个关键属性即"属于我"的属性。因此，"我能确立我的身体的一部分属于我的唯一方式就是通过试图移动它；我能通过感受感觉来确立对我身体的所有权；因此感觉一定涉及某种身体运动。"

然而，尽管我相信基于所有权的一个论证——佐以一些额外的诡辩法——可能是可行的，但如果它与感觉和身体活动共有的其他属性之一有关，那么我猜想它将会更有说服力。并且力求成为最有前景的这个属性是"自其定位方面的自我描述"的属性。因此，我们应该试图表明的是，只有身体活动能够直接地向我（即它的主体）揭示出它涉及我的这个部分，就在这里。

这个论证的关键在于"我"（me）、"这"（this）以及"这里"（here）这些词。但为了发展这个论证，与所有权一样，我有必要扩展这个讨论。

我们已经论证的观点是：当我感受一个感觉或从事一项身体活动

时，如果不“提及”这些事件发生在身体何处，那么就不能将其描述为它们所是的事件。然而，尚未提出的问题是谁（who）向谁（whom）进行这个“提及”。人们有可能会自始至终认为：“我”，即这个身体的 153
所有者，显然向我自己提及这个所在之处。有道理。但如果是那样的话，又有进一步的问题在等着我们。

当我脚趾有一个疼痛或我摆动脚趾时，的确是我（即脚趾的所有者）似乎最有条件提及我身体的哪一部分被提到。并且当然是我对它有首要兴趣，并且对我而言这种状态首先作为一个涉及脚趾的状态而存在。然而，在大多数情况下，我也可以向其他人提及它：“哪儿痛？”“在我的脚趾上，就是这个脚趾。”“哪一部分在摆动？”还是“我的脚趾”。但在向我自己提及“我的脚趾”时，究竟涉及什么——尤其是，向我自己提及它如何与向其他人提及它相比较？

先来谈谈最后一点，考虑一下在向我自己提及我的脚趾时我所做出的语言替换。我可以对我自己说“我左边的大脚趾”，或者我可以说“这个脚趾”或者“我的这一部分”或者仅仅是“这里”，在每种情况下我确切地知道我的意思。但如果我以这些不同的方式向其他人提及，那么“这个”或者“这里”这些词尤其没有任何意义，除非我伴随一个指出这个脚趾的公然的行为；而即使我会指出它，这些词也只有当其他人处于我的地位并观察到我正在做的事情时才对他有意义。例如，通过电话，他们就会完全摸不着头脑。

“这个”和“这里”这些词属于哲学家称为索引词的一类。“索引词”（indexical）这一术语源自“指示”（indicate），并且索引词通常涉及一个由谈论它们的人所附加的、往往是非言语的指示行为。这一类的其他词还有“现在”、“今天”、“我”（主格）以及“我”（宾格）。所有这类词都至少从谈论它们的语境中获得部分意义（何处、何时、通过谁、与之伴随的动作）。

例如，想象一下下面一段电话答录机上所记录的交流。“这里是医生办公室。请告诉我你是谁，你什么时候打电话，以及你哪里疼。”“你好，是我。日期是今天，时间是现在。疼痛就在我身体的这一点，就在这里。”尽管这个留言对患者非常重要，但对医生而言几乎什么信息也没有传达。

154 但要让一个人对其他人指示一件事，他必须要做的究竟是什么呢？他实际上必须要用手［可能是用他的食指（“index” finger）］指向它吗？不，显然不是。当我说“这个”（例如意思是“我桌子上的这个苹果”）时，我可以通过指向它、拿起它、把它扔给你或者把它摆在一边来指示所谈论的对象。或者，如果我愿意，我还可以做一些更复杂的事情：我可以画一张桌子的平面图并把它摆在图上或者写上“X 标识它的位置”。但不管我做什么，我都不得不在一个相关的时空位置上制造一个物理扰动——或者在苹果实际上所在的位置，要不然在一个显然相关的“替代位置”上。当然，要是“这个”指的是我自己身体的一部分，例如“这个脚趾”，为了在这个相关位置制造一个物理扰动，我自然会做的事情是激活这个完全相同的身体部分——“这个脚趾”正是“我现在正在摆动的这个脚趾”。

现在恰巧一些特定的索引词有一个有趣的属性，即谈论它们的活动本身就是完成指示“这个”是什么的身体活动。例如，当我说“现在”（意思是“这个时间”）时，我不过是通过恰恰在那个时间发出声音来指示所谈论的时间。当我说“这里”（意思是“我所在的位置”）时，我通过恰恰在那个附近动动我的嘴巴来指示所谈论的位置。而当我说“我”（意思是“这个人”）时，我通过与之正好交流的那个人来指示所谈论的人。的确，如果我要说“这些嘴唇”，我通过恰恰动一动那些嘴唇来指示所谈论的嘴唇。因此这些索引词无须更进一步的指示活动来澄清它们的意思，因为，当它们被说的时候，它们正是由所指示的时空位置产生。

但是现在，如果我能通过自足地说“这些嘴唇”和在相同的时间动动我的嘴唇的动作来指示我的嘴唇，那么只是向我自己指示我的嘴唇时我必须要做什么？就我自己而言，我可能不会非要大声地说出“这些嘴唇”，因为我只要轻声地（*sotto voce*）说它就会有相同的结果。但是，不仅如此，在我自己的例子中，只要我想到“这些嘴唇”的想法且根本不说任何东西就会有相同的结果——当然只要我仍然用我的嘴唇做一点轻微的运动或者起码发起指向它们方向的一些活动。如果对于嘴唇是如此，那么就不存在为什么相同的不应该适用于我自己身体的每个其他部分的理由。因此，只是想“这个脚趾”或“这只手”并用相关的附属肢体做一些轻微的运动就足以向我自己指示这个脚趾或这只手，因为思想 155
是自我指示的。

或者它会吗？对此我们应该谨慎。因为如果我只是想“这个脚趾”或“这只手”，那么这样的思想不会以索引的言语行为的方式进行自我指示，除非思想以在某种方式直接以言语行为的方式与谈论中的身体部位的运动一致。因果地造成运动的思想将会获得成功，但仅仅被一个独立导致的运动伴随的思想则不会。换言之，一个思想或实际上任何其他心智状态都将是自我指示的，当且仅当它既指涉身体上一个特定位置又恰恰在那个提到的位置上产生一个物理扰动。事实上，要使一个思想独自指示我的脚趾，那么它必须是一个伸展出且“让-我的-脚趾-去-运动”的思想。

哪些种类的思想或其他心智状态以这种特殊的方式是或可能是在因果上有效的？据称（没有很好的证据）几乎所有“关注”一个身体部位的动作事实上将伸展出，并自动地引起所谈到部分的至少一个轻微运动：以至于，如果一个人将注意力集中在他的左脚上，那么他至少会用他的脚做出一次轻微运动；如果他将注意力集中在他的舌头上，那么他会用他的舌头做出一次轻微运动；如果他将注意力集中在他的右耳朵上，那么他甚至会用他的耳朵做出一次运动！（试试看，你或许会认识到此类事情似乎真的发生了。）

可是，能够提供最好例子的当然是“意向运动”（intentional movement）而不是“注意运动”（attentional movement）——即成为自愿身体活动的一部分的运动，其中这个执行的自我通过一个意志动作指令身体的一部分去做某些事情。当我将注意力集中于我的脚时，我的脚可能会或不会自动地运动，但当我用意志力驱使它时，毫无疑问它会动。这类身体活动因此是自我指示状态的范例。

但现在为使这个循环闭合，我们必须注意的是：范例不仅仅是这些，它们归根结底是仅有的一些范例。因为事实上兼备这两种要素（即指涉身体上的一个位置的要素和伸展出去在这个位置制造一个扰动的要素）的任何心智状态根据定义会属于这类身体活动，因为这恰恰是一个身体活动所意味的。

156 因此一个状态是自我指示的（或者，此刻回到我最初的说法，一个状态在它的位置方面是自我描述的）当且仅当它也是某种身体活动。而既然我们的出发点是感觉也是如此，因此我们可以得出结论，即感觉本身实际上是一种身体活动的形式。只是，现在我们更坚定地关注这究竟意味着什么：即，感觉本身延展至它们指涉的位置，并且在相关位置上制造了一个物理扰动。

诚然，正如上面注意到的，这个“相关位置”可能是地图或计划中的一个位置，是一个与真实位置明显相联的替代位置，因此它不需要实际上成为身体部分本身。如果人类拥有他们身体的一个“内部模型”，那么指示身体的感官活动可以是一个不涉及真正的身体而是这个内部模型的准活动。但无论如何，结论是感觉必须是积极地做某些事情以便在“这个身体相关位置，在此地和此刻”制造一个扰动。

总之，就像摆动我的脚趾是给我的脚趾发出一个摆动的输出信号（这就是这个活动为什么以及如何直接地涉及我的脚趾），所以要感受我脚趾上的疼痛必须向我的脚趾发送一个让我脚趾痛的输出信号（这就是这个感觉为什么以及如何也涉及我的脚趾）。

这一直是一个难以进行的论证，并且可能也是一个难以理解的论证。并且，即使这个论题就疼痛而言是有意义的（并且或许就一般的触觉而言），但可能在扩展至其他感官模态上似乎依然存在问题：不仅是就感受—一个—在—我的—脚趾上的—疼痛而言，而且是就（例如）感受—在—我的—鼻子中的—芳香或感受—在—我的—眼中的—红色而言。

正如已经提到的，实际上人们会说“我的脚趾在疼”，或者“我的皮肤在痒”，或者“我的脸在发烧”，使用非常类似于“我的脚趾在摆动”这种活动的语言。但他们不会说“我的鼻子在甜美”或者“我的视网膜在发红”。的确，仍然要问的问题是，哪种中央生成的物理扰动可以在鼻子或眼睛处产生。

但是，当已经确立了感觉说到底一定涉及某种身体表面的激活的一般论题后，前进之路就廓清了。这个论题必须被用来发展一个关于感觉的生物演化的故事。

157 20 加上这个变化……

在第 3 章，我已概述过一个演化故事的开端，并提出感觉的第一个功能是（并且依然是）调节对发生在身体表面的刺激的一个情感反应。

> （在最早的动物中）边界——以及组成它们的物理结构、细胞膜、皮肤是至关重要的。它们形成了一个前沿：外部世界在这里对动物施加影响，并且在这里进行物质、能量和信息的交换。一般而言，其中一些刺激事件对这个动物而言是“一件好事”、有些是中性的、有些是有害的。具有将有益事物从有害事物中挑选出来（趋近或吸纳有益的，规避或阻止有害的）的手段的动物就会有生物优势。自然选择因此就很有可能是选择“敏感性”。
>
> “敏感”一开始无非意味着局部反应：换言之，在表面刺激发生的地方有选择地做出反应。例如，敏感性的最早类型可能涉及皮肤的局部收缩或肿胀或吞噬。然而不久，更精细的敏感性类型演化了出来。代之以引起一个局部反应的刺激，来自皮肤一个部位的信息被转发到其他部位并在那里引起反应，并且，随着不同的刺激会引起非常不同的行动模式，要让动物的反应变得更加适应，那么这个方式就应该是开放的。既然关于特定刺激的信息被保存并被贯彻
> 158 进特定的动作模式，因此这个动作模式已经开始表征这个刺激了。

于是，有人开始提出，敏感性主要是作为一种在刺激点上对这个刺激做一些事情的手段而演化的：至少一开始，动物既以相同的那一点皮肤识别刺激也以它对刺激做出反应——感官上皮（sensory epithelium）也是反应上皮（responsive epithelium），并且感觉器官（如果它能配得上感官这个名字）同时也是效应器官。但尽管在第 3 章中我一再强调敏感性与反应性随后的去耦（decoupling）最终导致了两个表征通道，即感觉和知觉——但关于这个问题的立场现在已经改变了。因为我们现在完全有理由强调这个仍然保留的耦合。

理由在上几章详细阐述过。甚至在当代人类中，每种感觉依然被感受为某些发生在“我”身上的“此处”和“此时”的事情。而这在逻辑上要求感觉（或者与之相应的行动计划）继续返回刺激点——以指示这个“彼处”和“彼时”是“对谁”。

我认为我们应该完全根据如图 5 所表示的一种演化连续性来思考，即使当感官反应变得更复杂，原始安排的某些版本依然保留着。

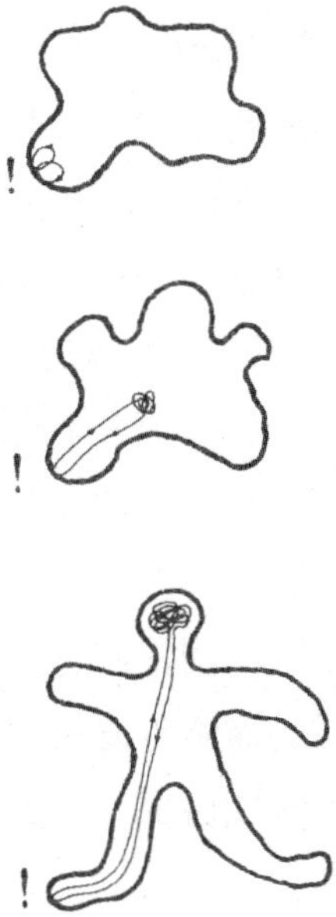

图 5

在最原始的动物中，对刺激的反应是完全局部的：例如，当一只阿米巴虫的表面被触摸，激发的扩展会直接穿过细胞膜，由那部分细胞膜来产生一个防御性的蠕动。在一个更发达的动物诸如蚯蚓中，这个反应会涉及往返于一个更中央位置的神经节的信号。而在人类中，这个反应涉及信号一路从身体表面到脑并且再返回体表。

有没有解剖学的证据支持这个图式呢？我只能说有足够的证据表明不应低估它。正如发生的那样，人类中所有的传入感官神经至少带有一些传出纤维，甚至是在眼睛中，视神经中 10% 的纤维会传导信号从脑回到视网膜［这就意味着通向视网膜的纤维要比（例如）通向手的肌肉
159 的纤维要多很多］。但我也会说（如目前所知的）解剖学事实限制这个讨论也是一个错误。后面会有机会来调整这个理论，使之适合人类身体的生理事实。

目前主要的建议无非是这样的：甚至是在人类中，感觉活动也是原始情感反应的直接后裔。“感觉循环”逐渐延长了。虽然一个未被阻断的传统依然将现代人类的感觉与那些原始阿米巴虫的接受或拒绝的蠕动连接起来。在演化过程中事物改变得越多，它们保持不变的东西也越多。

想要理解当代事实的生物学家（和哲学家）在努力地密切关注事物是从哪里传下来的——正是它们的谱系。

通过类比，考虑一下南大西洋（South Atlantic）绿海龟游 2000 英
160 里去产卵这个不寻常的情形。它并非是一直如此。1 亿年前，当南美洲与非洲大陆只被一条狭窄的海域隔开的时候，靠南美洲海岸为生的海龟在非常靠近非洲附近的一座岛上产卵。随后大陆漂移开始，非洲板块与美洲版块开始分开，开启了这两者之间广袤的大西洋。发生了什么呢？海龟的传统聚食场所位于南美洲，而它们传统的繁殖地则位于非洲。但它们不是改变其生活方式，而是年复一年会向东不断多游一点。这个结果就是：如果我们不知道这段历史，那么今天海龟似乎在做一个似乎生物学上荒谬的、“不必要的”旅行。

通过这个类比，我并非表明对感觉也存在同等荒谬的事。但我的确

想要表明，如果人类感觉——沿着古老的路线——依然从脑正好回到感觉被感受的那一点上，并且如果它们在那里所执行的活动是从我们遥远祖先的情感反应中传下来的，那么我们可以期待这会是在更深层面上它们今天依然是什么的关键。

然而，为了更进一步，我们必须更有针对性，特别是要解决一个明显的问题。如果人类感觉最初是从（发生在）阿米巴虫身体表面的接受或拒绝的蠕动演变来的，那么如何形成足够多数量的“感官反应”从而成为人类感官体验的全部丰富性的基础呢？

161

21 一点心智音乐

对阿米巴虫而言这大概没什么问题，它或许不会享受特别丰富的感官生活：不同种类的“接受或拒绝的蠕动”可能的确为阿米巴虫能表征的一切提供了充分基础。但对人类而言至少不会是一点没有问题的，对人类而言感觉一个刺激的方式要比以“蠕动”来做出反应的方式多得多。

在上世纪末，某些具有科学头脑的心理学家试图对所有人类能识别的感觉总量进行评估。爱德华·铁钦纳（Edward Tichener）认为有44435种“基本感觉”，其中包括32820种视觉感觉、11600种听觉感觉以及1种（是的，只有1种）性的感觉[116]。

我们无须通过接受这些数据来领会在将人类感觉映射到不同种类的身体活动时，的确会存在一个值得考虑的数量问题。但更严重的是定性问题。因为执行一个视网膜上的“红色蠕动”、一个舌头上的“甜味蠕动”以及一个手肘上的“怕痒蠕动”之间的关键差别是什么呢？任何从脑到外围的输出信号如何能包含这类信息？

在对这些问题提供一个现实的回答时，我的假设或许会成功，但也有可能失败。

在术语上引入一个改变应该是有帮助的。我们不是谈论感官反应，更不是谈论接受或拒绝的蠕动，我们应该用一个更特殊的词来命名这个 162
我称之为“感觉的活动”（activity of sensing）的东西——并且最好是一个具有情感内涵的词。新词听起来很难听，而现存的术语又没有一个是完全恰当的。尽管如此，即使不大容易习惯，但我认为我们还是将这个在中央发生的活动称为“sentition”，并且将来自身体表面的实际事件称为“情态”（sentiments）。因此，在这个使用中，情态就是对这个真实的物理扰动（据推测它就发生在感觉被感受到的那个地方）的命名。

那么，让我们假设，人类每一个可区别的感觉确实相当于一个发生在身体表面的物理上不同的情态形式。为了论证的需要，甚至让我们假设，某人感受一个特定感觉的东西就是使他参与这个适当的 sentition 的形式——并且发布产生从脑流出的相关信号所需的任何指令。而这个问题是：这些情态的什么特征能对应于感官体验的这些品质维度（qualitative dimensions），并且流出信号的什么特征能够编码它们？

我们有两个证据（或许只有两个）要进行。首先是这个事实，正如我们注意到的，在人身上，在感觉“模态”与感受到感觉出现的身体位置之间存在一种关联，以至于人们通常借助视网膜具有视觉感觉，借助鼻黏膜具有嗅觉感觉，借助皮肤具有触觉感觉，等等。其次是这样一个事实：即使在今天的现代人身上，在感觉的“亚模态品质”（submodal quality）与刺激在一个情感水平上被评估的方式之间仍然至少存在一种残余的关联——以至于在视觉模态中，红光通常是令人兴奋的，蓝光通常是令人镇静的；在触觉模态中，痒是令人恼火的，挠痒痒是令人愉悦的；在味觉模态中，甜味是开胃的，臭味是令人厌恶的，等等。

现在，关于第一个事实要注意的是，人类身体的每一个模态特异的区域在显微镜下看起来都很不一样，并且甚至有其自身与众不同的物理微观结构。因此，当一个特定区域与 sentition 有关时，很有可能这一区

163 域中的所有情态都有一种典型的结构上被决定的形式。因此，可以认为一种感觉模态直接与相应的感官反应的结构维度关联——视觉感觉与视网膜的特定情态形式关联，嗅觉感觉与鼻黏膜的特定情态形式关联，触觉感觉与皮肤的特定情态形式关联。

关于第二个要注意的事实是，作为一个整体的人对刺激做出情感反应的方式有可能与他在身体表面做出情感反应（或者至少他的祖先在演化的过去反应过）的方式关联。因此感官反应很可能仍然至少保留它们原初情感功能的幽灵，而出现在身体相同区域的不同情态很可能每个都有一种典型的功能上被决定的形式，根据它们是否（或至少曾经）被设计成欢迎刺激或拒绝刺激，等等。因此，可以认为一种感觉的亚模态品质直接与相应的感官反应的功能维度关联：采取行动以增加刺激的情态有一种亚模态品质，采取行动以减少刺激的情态则有另一种亚模态品质，采取行动以维持刺激不变的情态则又有一种亚模态品质，以及诸如此类的一个广泛的更微妙的积极或消极的情感。

这可能没有太多要继续的；但这是有前景的。如果我们考虑更大范围的身体活动，显然就只是这两种特征（即身体上的位置与功能）决定了它们的“状语风格”。因此之前提到的感受品质上不同的感觉与执行品质上不同的身体活动之间的类比仍然被证明是惊人的贴切。感受手肘上的一个触觉感觉与感受眼睛上的视觉感觉之间的差别据说类似于用脚执行运动的活动与用嘴执行摄食的活动之间的差别；并且，在一种模态内部，感受疼痛、痒痒和挠痒痒的感觉之间的差别据说有点类似于跳、跑、跃之间的差别。

我并不试图详细说明这在细节上是如何实现的，部分是因为我刚才给出的建议在某些特定方面（随后我们会看到在什么方面）离最终的生物学事实还有距离。但作为一个纯粹抽象的说明，或许图 6a 的波浪线可以用来表征出现在身体表面不同位置的不同情态，它们对应于属于不同感官模态的感觉；而图 6b 的波浪线则可以用来表征具有不同情感功能的
164 一个单一区域内的不同情态，它们对应于不同亚模态品质的感觉。

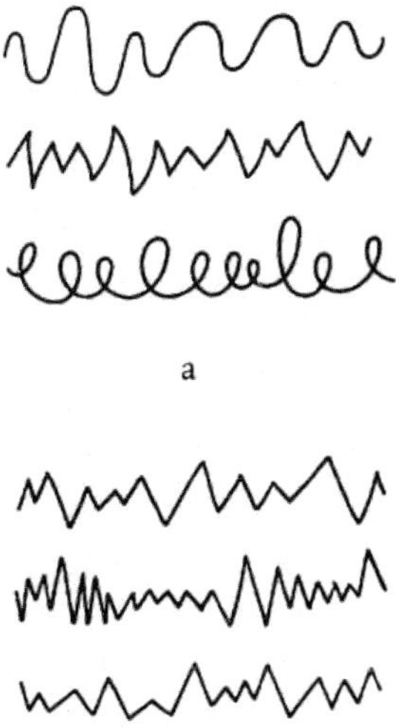

a

b

图 6

我喜欢这种说明情态的方式，因为它暗示了一种音乐类比，仿佛它们就是发生在身体表面的活动的波。

想象一支音乐会的管弦乐队，空间上安排弦乐器在一个区域，铜管乐器在一个区域，木管乐器在一个区域，以及打击乐器在一个区域，等等。并且想象这支乐队有一位指挥，一位真正的大师，他不仅掌握节奏并且在恰好的时机引入特定的乐器，而且他实际上向每位演奏者发出执行什么动作的指令。

假设管弦乐队相当于人的身体表面，每一个部分都是不同的感官区域，指挥相当于脑中感官输出信号的来源。进一步假设，在这个合奏中
用一个特定乐器演奏一个特定的音符相当于一个特定感觉，并且在创造 165
这个乐器活动中指挥的作用等同于在创造感觉中脑的作用。

那么，感觉的模态性就相当于乐器结构所要求的演奏风格，换言之，就是在管弦乐队的这部分中的一个乐器被演奏的方式——指弹、弦拉、吹奏的、弹拨的，等等。而感觉的亚模态品质就相当于这个演奏想要产

出的实际的音符组合。

以至于例如触觉模态可能相当于木管乐器的风格，视觉模态相当于弦乐器的风格，嗅觉模态相当于打击乐器的风格，听觉部分相当于铜管乐器的风格。并且，在触觉模态内，痒痒可能是长笛演奏的C小调，温暖可能是巴松管演奏的降E调，挠痒痒可能是双簧管演奏的C大调。

图7表示 - 这个感觉理论。注意内部的指挥，“我”。

图7

这个指挥是从哪里得到他正在指挥的活动的程序呢？很好（除非他正在睡觉），他是从他接收自感官的信息中得到的。然而，这个信息不会自行形成音乐——至多是一个配乐。至关重要的是这个指挥对它所做的事情。

22　特异神经能？ 166

这其中的一些可能开始听上去是乱七八糟的——尤其是在上一章的最后所讲到的有关来自感官的传入信息本身并没有“音乐丰富性”。然而，（一旦我们处理好一些潜在的缺陷）在进一步发展之后，这个理论将会被证明有可观的优点。但在继续查明用这个理论能做什么之前，现在需要把其置于这个更为传统观点的语境中。

我认为关于感觉的标准理论与我所描述的理论刚好是相反的，因为它只关心对脑的输入的性质，而不关心来自脑的任何输出的性质。尤其是它认为，一个感觉的模态首先是由传入神经的解剖布局决定的——以至于，例如，如果一个信号通过视觉神经进入并刺激视觉皮层，那么这就足以确保这个感觉是一种视觉感觉。根据那个音乐的类比，这就好像在头脑中有一个人在听音乐而不是创造音乐，即一个内部的接受者而不是指挥者，当他在脑的一部分接收由视觉神经提供的信息时，他将其体验为“视觉弦乐器”的声音，而当他在那一部分接收到由听觉神经提供的信息时，他将其体验为“听觉喇叭”的声音。

这种所谓的特异神经能（specific nerve energies）是约翰·穆勒（Johannes Müller）早在1834年就提出的。这里是牛津大学教授在《心理学百科辞典》（*Encyclopedic Dictionary of Psychology*）中所写的对这种观念的最新总结：“感官品质依赖于受刺激的神经……任何种类的听 167

觉神经的激活都将引起听觉感觉，因为神经进入了脑的听觉系统中。类似的视觉神经的激活会产生视觉感觉，因为视觉神经将信息传递给脑的视觉系统。”[117]

这些事实当然是正确的——例如，如果用电流刺激听觉神经，被试在耳朵中会有铃声响的感觉，但永远不会有视觉感觉，反之如果用相同的电流刺激视觉神经，被试可能体验到闪光但永远不会有听觉感觉。但我在上面说我仅仅“假设”这个观点是与我的观点相反的理论，因为实际上我不认为它确实应该算是一个理论。它对感觉如何拥有它们所拥有的品质显然没有给出任何一种解释。

“听觉神经的激活产生听觉感觉（而不是视觉感觉），因为神经进入脑的听觉系统”——那么有人也可以说，喂谷物给鸡会产生咯咯声（而不是哞哞声），因为谷物进入了农场的“鸡系统”中，或者拨打 911 导致警察出现在门口（而不是一个中式外卖），因为 911 呼叫进入了电话交换的“警察系统”。即使是对的，只要这个“系统”的工作方式还未得到解释，那么这个解释就是没有意义的。

一个感觉的解释理论不能理所当然地认为，好像不同的系统每个都以它们所接收到的输入信息来做它们自己一贯的事情——当这个一贯的事情恰恰需要解释时。确切地说，它自身必须处理每一个模态特异的系统接下去继续要做的事情的性质。理想地，这个理论应该提供理由说明为什么“听觉系统”会继续产生拥有听觉品质的感觉，而为什么“视觉系统”会继续产生拥有视觉品质的感觉，以及为什么其他模态也是如此。但如果它做不到这一点，它至少应该提供有关听觉系统所做的事情如何在相关方面不同于视觉系统所做的事情。

然而，这个事实是：由于这个理由，无论是特异神经能的学说还是
168 这个学说的任何其他现代变体都没有提供任何东西。近期的认知科学或神经生理学文献甚至几乎不谈论是什么造成不同感官模态之间的品质的

不同。如果有人让大多数当代科学家冒险一猜，他们或许会含糊地说一些“信息加工”以一种模态特异的方式被完成的话。但当更加紧逼他们时，他们或许会承认他们甚至不能想象不同种类的信息是如何完成这项工作的。只存在那么多在神经细胞之间来回传送脉冲的方式，而其中没有一个似乎足以成为看见红色与感受疼痛间之体验差异的基础。记得本书开篇所引来自科林·麦金的忧郁警告：“从神经系统的计算中，你无法得到看见红色、感到疼痛等等有意识体验的‘品质内容’。”

然而，如果标准理论在这里没有什么可提供的，那么我的假说实际上能做得更好一些吗？我会说，如果不是关注进入感官系统的东西而是关注出来的东西，那么它肯定会有机会。

首先，这个假设认为，各种感觉之所以不同的方式归根到底也是相应的情态不同的方式。因此就使得这个问题从其本身而论的信息加工转向了更受限制但更有希望的领域。之所以更有希望是因为我们已经有了一个模型，它能够解释身体活动在一个大范围上如何使它们的“状语品质”与感官模态几乎一样相距甚远。或许不是每个人都会同意用嘴吹喇叭与用手拉小提琴是属于非常不同的团体（leagues）。但，至于一个总的（grosser）类比，考虑一下吃东西、跳舞、说话以及挖掘花园之间的差别：尽管很容易想象每个类别中一连串的中间活动，例如从挑探戈到跳玛祖卡舞，从吃无花果到吃火鸡，然而在跳探戈与吃无花果之间却有着一种可以说是绝对的分离。

此外，这个假设打开了接近我称之为一个“理想的”感觉解释理论的可能性，即它有很好的理由来解释为什么来自一个感官系统的输出恰好应该拥有它确实具有的品质。因为我认为，在原则上，它有可能在特定情态形式与特定感觉品质之间建立逻辑上的必然对应——这基于它们 169
之间形式的相似之处。

我并不是说我已提出的任何东西距离完成这个目标很近。我承认，因为我无法想到任何一个先验的（a priori）理由来解释例如为什么具有一个视网膜决定形式的情态应该与一个视觉感觉相似，而具有一个听觉决定形式的情态应该与一种听觉感觉相似；我也无法解释为什么一个情感上令人害怕的视网膜情态应该与一个红色感觉相似，而一种情感上平稳的情态应该与一种绿色感觉相似。尽管如此，如果在情态形式与相应的感觉品质之间存在关系，那么我们以为这种关系肯定是非任意的——除非上帝在身—心关系上掷骰子。它毫无疑问是一种“有理据的”（motivated）关系，正如记号学家会说的那样。并且当我们有一个合适的感觉理论，它就会被看做是有理据的和非任意的。

如果当我们有了这个理论，我们将接近很多理论家曾经认为不可能的事情：一种将感官体验直接与发生在脑和身体中的事情相关联的“客观现象学”（objective phenomenology）。我们原则上应该能够从对一个人脑和身体的观察中推断出一个人正在体验什么。并且如果我们能对另一个人这么做，我们应该就能对一只蝙蝠这么做，或者对一只袋熊这么做……或者就此而言对机器人这么做。我们甚至会看到一个在哲学上有心智的机器人如何为我们推断相同的东西。

事实上，我们也许还未更接近那里。但通过哪怕是预期有一个能够到达的“那里”，我们就已经胜过了其他理论家。

当霍华德·卡特（Howard Carter）——他正在皇帝谷（the Valley of the Kings）进行挖掘——打通图坦卡蒙法老（Tutankhamen）的墓，并从他挖的窥视孔中窥望时，他的同事问他，“你看到了什么？”他回答道，“奇妙的东西”。但随后，他不得不退后，并继续拆墙这项繁重的工作。

23　无火之烟

170

诗人威廉·布莱克可能不会喜欢迄今为止的推理路线。他写道："独自的心智事物是真实的，我不会质疑我肉体的或植物状态的眼睛，正如我不会质疑有关视野的窗户。我通过它而不是用它来看。"[118]或者，正如他再次反对的那样，他在后来的一首诗中写道：

生命的五扇灵魂之窗
它们完全歪曲了诸天。
当你用而不是通过眼睛看时
你相信的是谎言。[119]

一个谎言？我认为，在我已经提出的论证中没有涉及任何谎言。即便如此，当有必要考虑某些棘手的真相时，问题无疑就出现了。

我真的想要宣称感觉是凭借身体表面被感受的吗：疼痛的情态必须发生在皮肤上，味觉的情态必须发生在舌头上，以及视觉的情态确实一定发生在眼睛上吗？

或许因为所有之前给出的理由，我想要这么宣称。但，有人说过，科学的悲剧是以一个丑陋的事实残杀一个美丽的假设。而如果它显然是错的，我当然不会坚持该理论的这个 Mark-1 版本。

正如这个丑陋的事实（并且或许不是唯一事实）在等待伏击前
171 面的假设，在某些情况下人们会在物理上不存在的一些身体部分有感觉。

最有说服力的——因为是最戏剧性和最吓人的——例子是“幻肢”（phantom limbs）。幻肢是在真实的肢体被截肢之后依然持续的虚构的肢体。紧随截肢手术，并且之后常常会持续几个月甚至数年，患者会报告他有一种该肢体还是他身体一部分的明确感觉。正如一位权威人士罗纳德·麦扎卡（Ronald Melzack）所描述：“幻肢通常被描述为有一种刺痛感，并且有一个类似于截肢前真实肢体的明确形状。当一个人走路、坐下或在床上伸展时，都有报告说幻肢以几乎与正常肢体可能移动的相同方式在空间中移动。尽管刺痛是主要的感觉，但截肢患者也报告了各种各样的其他感觉，例如发麻的感觉、温暖的或寒冷的感觉、重的感觉以及各种疼痛的感觉。大约 35% 的截肢者有时会报告疼痛。幸运的是，疼痛会趋于减弱并最终在大部分人中消失。然而，在大约 5%—10% 的人中，疼痛非常剧烈并且可能在几年后变得更糟。这种疼痛可能是偶然的或持续的，被描述为痉挛、击穿、烧伤或压碎的感觉，且感受到的疼痛位于幻肢的明确位置。例如，一种常见的抱怨就是幻手是紧握的，四指包着大拇指并深入手掌，因此整只手又累又疼。”[120] 尽管事实是原初的伤口已经完全愈合并且传入疼痛的神经不再活跃，但疼痛还是持续发生。

现在，必须清楚的是如果我最初的假设是正确的，那么这种虚构的感觉应该根本不可能。幻肢痛显然无法用截肢的肢体感受到。不存在的脚不应该感到疼痛（to hurt）（注意这个主动动词），正如它无法蠕动——没有脚，就没有发生在脚上的疼痛情态的可能性，因此就没有疼痛的感觉。可是，尝试着对疼痛的主体讲讲这个！一位 16 世纪的外科医生，帕尔·安布鲁瓦兹（Ambroise Pare）谈道：“这真是一件令人惊奇的、怪异的事情，除非是那些亲眼看见和亲耳听见的人，否则人们几乎很难相信，在腿被截掉数月之后，患者极其痛苦地抱怨他们仍然感到那条截肢的剧烈疼痛。”[121] 面对不可否认的第一人称的（first-person）痛苦，第三人称的（third-person）、理论的怀疑主义显然不得不后退。

虚构的感觉在失去眼睛后也会发生。尽管就目前所知，并没有像 172
幻肢这样的视觉等价物——即在眼睛损坏后形成的一个完全虚构的视觉场。不过两眼的突然丧失却不会使视觉感觉完全停止。这些例子很少，没有被系统地研究过，但有报告称在受伤之后的一小段时间内伤者可能会在他的视觉场体验到各种感觉，诸如灯的光芒、流星雨、火焰或者云。更为常见的是，在眼睛完好无损的情况下视力因为视神经的受损而从脑中被切断。而在这些例子中，更复杂的错觉被报告。例如，一个 18 岁的女孩因为移除一个影响到了视神经的肿瘤而完全失明：“从医院出院后她开始看到‘光’；随后她看到了像蛇一样移动的物体以及颜色，接着出现了由人和物体组成的场景；这些让她烦恼，无法入睡并妨碍了她的日常活动。”[122]

因此，正如在疼痛的情况下，有临床证据表明视觉感觉的体验不能依赖于实际发生在视网膜上的情态。然而，我们可能不需要走得那么远就得出相同的结论。因为如果我们想要的就是证明人们能够在不存在于眼睛上的视觉场的一小部分拥有感觉，那么我们只需考虑我们自己视网膜的“盲点”（blind spots）就可以了。

两只眼睛的视网膜上各自有一个天生的小孔，大约 1mm^2，这一区域是视神经离开眼球向中枢传递的部位。既然落在这个孔上的光线不会被检测到，因此视野上落在那部分的图像是丧失的。

BLIND

X SPOT

这个后果很容易被证实。闭上你的左眼，距离书本大约 20cm 用你的右眼看着 X。如果你前后稍微动一下这一页纸，那么你将发现一个位置，在那里单词 BLIND SPOT 会消失。（如果你现在睁开你的左眼，这两个词又会出现：两个视网膜的盲点是不重叠的。）需要注意的是盲点不会被体173 验为一个空的区域。当词消失的时候，白色的背景会蔓延开并填补空白；并且如果纸是红色或蓝色或绿色，那么填补进去的也将是相应的颜色。

这一点再次表明，这类在盲点上的虚构感觉无法用眼睛感受到。因此，根据我的 Mark-1 理论，它们不应该出现：没有视网膜就没有视网膜上的情态，也就没有对光的感觉。

显然除了修改这个理论外无路可走。如果 Mark-1 理论不能应对，我们就需要一个更好地适应这些事实的 Mark-2 理论，同时保留之前版本的本质特征。

必须保留的两个特征是：第一，一个观念，即从阿米巴虫到人类的感官活动的发展中存在一个演化连续性的观念。第二，一个逻辑要求，即为了让感觉对它们的位置是自我描述的，必须回去在它们被感受到的地点创造一个物理扰动。

然而，如果在人的身上它们返回去的地点不再必然是实际的身体表面，那么它在哪里呢？

回想一下，之前在对索引词的逻辑地位的讨论中，我足够谨慎地插入了一种例外条款："当'这'指的是我自己身体的一部分时，例如'这个脚趾'，为了在相关位置创造一个物理扰动，我自然会做的事情是激活这个完全相同的身体部分：'这个脚趾'恰恰是'我现在正在扭动的脚趾'……（但）这个'相关位置'可能是地图或计划上的一个位置——一个显然与真实位置相联系的替代位置——因此实际上无需是那个身体部分本身。如果人类拥有他们身体的'内部模型'，那么指示身体的感官活动就可以是一个不涉及真实身体而是这个内部模型的准活动（quasi-activity）。"

出路就是这个"身体的内部模型"（即一个脑内模型）的观点。但这样一个内部模型究竟会是什么样的呢？

大概，如果这个模型将要成为位于指示行动之下的物理扰动的基础，那么它就不只是一个纯粹“抽象的”或“概念的”模型。想必这个模型一定有它自身的某种物理结构：以至于对于感觉在那里被感受到的真实身体表面的每个位置，在模型上也存在一个相应情态会在此发生的 174
物理位置。更重要的是，这个替代位置必须与真实身体存在“显然的联系”（正如我前面提出的）。

但那究竟意味着什么？凭借什么脑中的一个位置能够与身体表面的一个位置“明显地联系在一起”？

我认为，在此除了去寻找强有力的解释外别无选择，这必定意味着，当某事在脑中的替代位置上发生时，对于主体而言它就好像是发生在他身体表面的相应位置上——在这个模型脚趾上的一个物理扰动主观上定然难以区分于真实脚趾上的一个扰动。

但这是如何发生呢？

显而易见的回答是，替代位置本身就位于来自身体表面相关位置的传入感官神经的通路上——或者更有可能的是位于其终点。换言之，例如我左边大脚趾的替代位置就在这点，源自脚趾的传入感官神经由此到达脑中触觉皮层的“脚趾区”；并且通常所有其他身体表面部分的替代位置都将是来自皮肤、嘴巴、眼睛、耳朵等等的神经皮层的相应的到达点——尤其是，视觉皮层表征视网膜，听觉皮层表征基底膜（basilar membrane），等等。

如果这是正确的，身体的这个内部模型将完全是输入界定的（input-defined）皮层地图。我上面写道“这个指示身体的活动”是“一个不涉及真实身体而是这个内部模型的准活动”，对此我们现在认为，这个准活动延展到感官皮层本身，并且对感官皮层产生影响。

我说这是显而易见的回答，它实际上是一个简单的回答。但没有什么受到影响。因为我怀疑这可能是唯一（非偏见的）能够获得成功的回答：这个要求是，身体上点 P 的一个指示行为应该原则上可以被脑中点 P 的行为替代。

于是我们可以言之成理地提出对 Mark-2 理论的修正。

175 感官信息通过传入感官神经到达脑，并且与之前一样，这个主体通过引导一个感官反应回到身体表面而做出反应。但现在我提出，在演化过程中，这些感官反应的目标已经逐步地从真实的身体表面沿着传入感官神经通路内移了。以至于可以说，这里存在一条感官反应的短回路，即一个我之前称之为“感官回路”的闭合。在这里，反应曾经一路回到刺激点（图 8a），现在它结束于脑的表面（图 8c）。

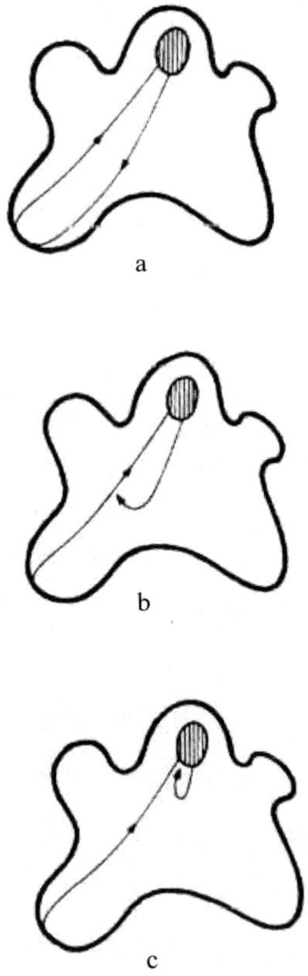

图 8

这个理论的新版本如何应对本章稍早提出的那个悖论的例子呢？显而易见的是，拥有一个感觉的先决条件会大大地改变。感觉，甚至是错觉的感觉，现在开始依赖皮层感官投射区的存在，而不是依赖真实身体 176
表面的存在。

正是这样，不会再存在有关发生在肢体截肢或眼睛损伤后的虚构感觉的任何重大的理论问题，因为曾经接收来自失去身体部分输入的感官皮层依然完好，因此疼痛情态或视觉情态的替代位置会依然存在。的确在盲点上的虚构感觉似乎还是有些异常，因为它们需要依赖一个与根本不存在的视网膜区域相对应的皮层区域。但事实上，这里存在一种自然的解释，即这两只眼睛向皮层发送重叠的投射，并且它们的盲点出现在不同的地方，以至于分离盲点中的每一个位置在视皮层上被从另一个眼睛接收输入的位置所“覆盖”。

人们当然应该预期感官皮层本身的损伤会导致正常和虚构的感觉都完全消失。并且实际上确实如此。例如，在视觉皮层被破坏后，患者不仅缺少所有正常的视觉感觉，而且（不像我之前提到的视神经受损的年轻女子）他们不会体验到自发的视觉虚构，也不会有视觉意象，并且当它们彻底损毁时，他们也不会有视觉的梦。他们可能还有基本的盲视能力，但正如我们所看到的，这本质上是一种知觉能力而不是感觉能力。

这个理论的修正版因而能够相对容易地处理潜在棘手的临床证据。（幸运的是——但是幸运吗？——它也与之前提到的涉及皮层投射区的有关感官意象的证据一致。）

感觉作为身体活动的最初理论已经经历了相当彻底的修正，以至于它似乎不再算是同一个理论。

我还是坚持，拥有一种感觉涉及做出一个“感官反应”。但（作为一种真实的身体活动开始其理论生涯的）这种反应现在已经变成了某种脑活动。正如威廉·布莱克已经提出的（如果他一直追随这个讨论）:

177 “肉体的情态”已经变成了“脑的情态”。

图 9 更明确地显示了这个新理论实际上是什么。尽管最初版本提出了如（a）所示的安排，但修正版本提出的是如（b）所示的观点。在内部指挥曾经有一整支身体乐队供其演奏的地方，现在只有感官皮层供其支配了。

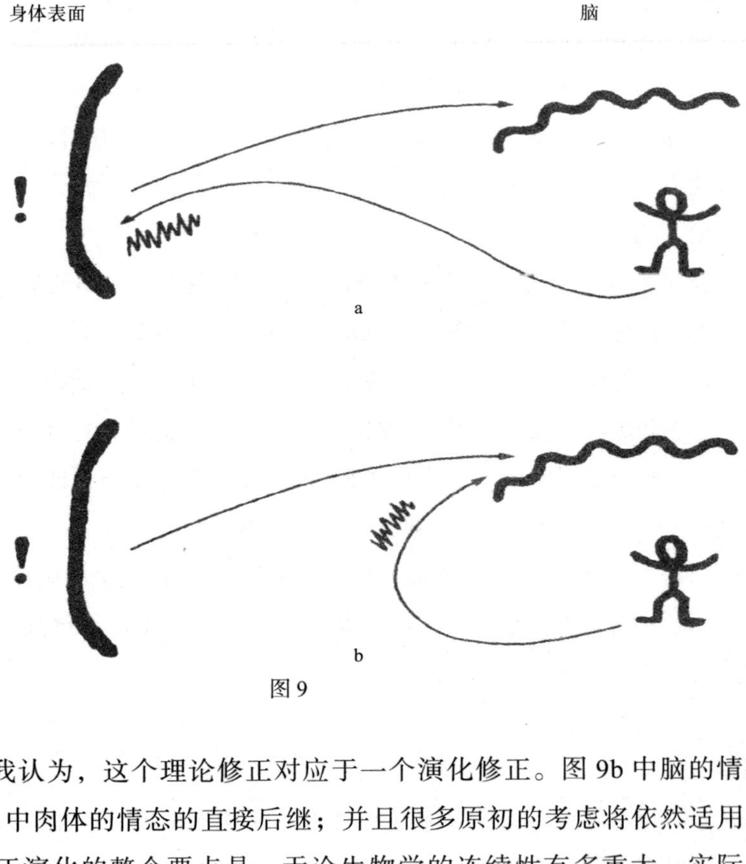

图 9

我认为，这个理论修正对应于一个演化修正。图 9b 中脑的情态是图 9a 中肉体的情态的直接后继；并且很多原初的考虑将依然适用。可是关于演化的整个要点是，无论生物学的连续性有多重大，实际上事物确实在变化。事实上，不管之前关于谱系的重要性说过什么，无疑可构想的是，一步步的演化前进可能已经导致了一个功能或意义的彻底转向。

我们已经花了大量精力来论证：感觉实际上必须在它们被感受到的位置做点什么；情态实际上是，或曾是，发生在身体表面的一种行动的形式。然而，很难长久地维持这种要求。大脑的情态——即使它是从最初阿米巴虫的接受或拒绝的蠕动传下来的——显然不再是任何蠕动形式本身。事实上，好像它们已经纯粹成为结束于皮层表面的神经脉冲模式，而不是任何种类的行动。 178

结束什么和做什么呢？尽管一个有机体能够蠕动它的皮肤，但完全不清楚地是它如何蠕动它的感官皮层。并且，即使它能够这么做，也很难清楚它会实现什么。

毋庸置疑，我们在此有了一个有趣的新难题。但实际上我们也有新线索。尽管根据当前的理论，我们还不清楚“蠕动这个脑”会实现什么，但如果理论要有助于解决心—身问题，那么它会实现什么是完全清楚的。因为，当在理论层面从身体情态向大脑情态不断前进的同时，我们在演化中已经从像阿米巴虫这样的古代有机体前进到像我们自己这样的有意识的有机体。而在我们自己的情形中，即使我们不能代表一个阿米巴虫发言，我们也知道感官活动的结果之一是我们最终感受到了一种感觉：也就是，我们最终在我们的脚趾处有了对一个疼痛的有意识体验，在我们的鼻孔处有了一个对气味的有意识体验。

换言之，我们知道大脑情态的理论必须传递什么。而现在所需要的一切就是这些手段。

179 # 24 时间当下

在第 21 章中，“为了论证的需要”我提出，“人类的每一种可区别的感觉都与一种物理上不同的情态形式相对应”并且“使某人感受到一个特别感觉的东西就是使他处于一个适当的 sentition 形式——而要发布无论什么样的指令都要求产生来自脑的输出信号。”

然而，这个建议或许多少有些轻率。如果具有一个感觉的主观体验“只是”在于发布来自中央站点（central site）的指令，那么，如果这个“只是”意味着它应有的意思，这似乎意味着最紧要的事情就是“指令”——而情态本身则不被考虑。在这种情况下，就主观体验而言，之前的大部分讨论是离题的。

我能构想有人会这样争辩：

“如你所想，让我们承认感觉涉及一个感官反应，一个信号从中央站点被发回到一个外围位置（最初是回到它身体表面，但随后是回到位于脑皮层上的一个替代位置）。虽然如此，一旦信号离开了中央站点，它的心智工作就完成了；那之后发生于信号上的事情显然不能影响对它的体验。

“这一点——我知道你会领会它——是逻辑的。未来发生的事情无法改变它现在的意义。例如，如果你写一封信，把它寄给一个特定家庭，并把它投到信箱里，这个寄信的行为就完成了，而之后无论在它身 180 上发生了什么都与最初行为的意义没有关系。即使信被弄丢了，这个寄信的意图也已经在那里了。

“相同的一点可以用计算机来说明。当你建造一台在屏幕上显示圆的计算机时，这个计算机会发送一个输出信号，屏幕上产生了这个‘圆的情感’的等价物。如果你现在关掉屏幕，但让计算机继续运行，圆消失了。但计算机的中央处理器依然在发出相关‘指令’并沿相关线路发送它们。所以计算机仍然‘认为’它正在画一个圆。

“现在，以你的内部指挥者为例。像计算机的中央处理器，这个指挥者可能在发出指令之后对这些指令发生了什么一无所知。因此 sentition 能够独立于任何实际情态的事件而发生。那么接下去大部分你在前几章讨论的关于情态在哪发生、它们在那里做什么以及它们如何对特定的感觉做出反应都是与事实不相关的论点了。

“我不是说情态事实上不存在。我同意你说的针对它们的指令必须存在，以及对于一个情态的指令要与那些针对其他情态的指令不同。并且当然指令必须在某处被控制。但问题是当它们到达那里时它们做的事情对内部体验而言是无关紧要的。

“如果你愿意的话，我所声称的是‘未实现的感官活动’能够起到与真实的感官活动相同的心智作用。最重要的就是意向。我说‘如果你愿意的话’是因为强烈暗示这实际上是你自己的观点——不仅是在那段关于‘只是发布指令’的文字中，也甚至在更早的谈论中。事实上，意向活动的观点（‘未完成的动作’的观点）在第 7 章就已经出现了，当你给出引自柯勒律治的关于‘视觉的欲望’时：‘有时当我认真地注视一个漂亮的物体或者一处美丽风景时，看起来好像我正处于一个仍被否认的成果的边缘……甚至像是一个会感觉到自己的人……他往前跳可是却没有从他原来的位置上离开’。”

181 讲得好（Touché）！毫无疑问这里有一些是正确的（尽管我会说重提柯勒律治似乎有些不公平）。但幸运的是，这里同时也有一些主要错误。

哪些是对的，哪些是错的呢？

“指令”这一概念在这里就像一个小丑，它同时将我和我的对手引入麻烦中。这个概念到底意味着什么？什么使得一个指令算是“指令”？

通常它无疑必须能正确地将指令的概念与意向相联系。除非它是一个针对某事或关于某事的指令，否则就不能算是指令。指令本质上是前瞻性的；它们必须有一个预期的结果。无论其效果是什么，除非它的发送者已经在脑中有了这些效果，否则没有信号能够成为一个指令。

例如，想象一下 0462742065 这串数字被转换成进入线路的一个信号。因为这个数字恰好是我家的电话号码，于是，如果这个信号从电话亭被发送到电话交换器，其效果将引起现在正位于我桌子上的接收器的铃声响起。但这并不一定意味着这个信号必然会构成一个实现那个效果的指令：“打电话给尼克”。事实上它只有在发送者的确有特殊的“打电话给尼克”的意向时才能算是指令。相反，如果发送者只是胡乱地拨出了号码，并不知道他在做什么，那么就算相同的信号进入线路并有相同的因果效应，它也不会构成这个指令，也根本不会是任何种类的指令。

现在，如果承认一般规则是一个信号（就其本身而言，不能算是一个指令），那么同样的规则想必也必须适用于导致情态的信号。一种通往身体表面或脑皮层的神经脉冲模式就其本身而言不构成对情态的指令，因为关于这样的一种脉冲模式本身没有什么预期的或意向的东西。

但在这个例子中，与我之前做的一样，如果我们还提议 sentition 只
182 是在于“发布指令”，显然我们就处于某种尴尬的位置了。对谁或为什么我们要对意向性（intentionality）负责？

我们要假设是“我”，这个起着必要的前瞻性作用的“内部指挥

者”，预期他的信号旨在引起哪种情态吗？

答案一定是：那并不奏效。或者至少在目前的情况下并不奏效。因为，就目前的情况而言，如果我们重视理论的地位，我们最不应该假设的是内部指挥者能够预期或计划任何事情。毕竟，内部指挥者仅仅是一个职位。他在理论中的作用不是他自己拥有一个心智的生命而是帮助我们解释心智的生命——不是成为有意识的而是去解释意识。如果我们一旦开始相信这个内部指挥者有他自己的意向状态，我们将会走向无限的倒退。

各种问题现在都是隐隐约约的——那种令分析哲学家激动的问题。但我们必须以我们自己的一个新线索进行突破，而不是卷入关于它们的术语的讨论。

关于上述的论证正确的是指令本质上是前瞻性的假设。我认为，不正确的是接下去让人迷惑的简单论证：因为它们是前瞻性的，所以它们的实际结果并不重要。可能恰恰是相反的才是真的。

回到陌生人拨打我家电话号码的例子：我们假设他不知道他在做什么，因此也无法预期他传送至线路的信号的效果。然而我们能用另一种方式来看它。他没有立即知道他在做什么的事实不会影响他随后知道。事实上我们可以认为只要有人接听了电话，并且说“我是尼克·汉弗莱”，他就会知道他曾经做了什么。

那么，返回信息也可能会迅速地转换其原始信号的意义吗？这个信号可以在回顾过去的时候变成打电话给尼克的指令吗？如果这样，到目前为止通常我们会拥有一个这样的模型吗——即，非预期性的信号能根 183
据它们可能建立的返回信息而被认为是“指令”吗？

这听起来很奇怪。这似乎需要某种反向因果作用（backward

causation）。并且这种反向因果作用正是我们对手之前所反对的。他们说："某些东西将来会成为什么不能改变他现在的意义。"他坚持认为这点是合逻辑的。

它可能是合逻辑的……但，又一次，可能它不完全符合逻辑。因为有争议的是，它要视何谓"现在的意义"的情况而定：尤其是，视"现在"什么时候发生并且"现在"持续多久的情况而定。

假设现在稍微延长一点。假设它持续足够长的时间让现在和过去重叠。假设那样，用 T. S. 艾略特的话说：

> 现在的时间和过去的时间
> 都存在于未来的时间中，
> 而未来的时间又包容在过去的时间中。[123]

假定人类确实如在"时光飞船"中穿越生命，就像一艘宇宙飞船有船头和船尾，中间还有空间供我们在其中穿梭。

那样的话，我们就不应该根据物理学家的定义去讨论"现在"。而应该把我们实际体验到的现在称为"主观当下"。严格来讲，"物理当下"只是一种数学抽象的产物，它把时间切割为无数无限小的段落，以至于任何事情都无法在这些段落里发生。相比之下，"主观当下"才是我们有意识生命的载具和容器，任何曾经发生在我们身上的事情都发生在其中。[显然丹尼尔·丹尼特（Daniel Dennett）与马塞·金伯恩（Marcel Kinsbourne）在近期的一篇文章中也表达过这种想法。[124]]

考虑如下的这张图表。罗马数字代表物理时间，阿拉伯数字代表主观时间。"物理时间"根本不会持续，因此，比如说物理时间 VI 到了，物理时间 V 就已经过去了。相比之下"主观时间"会持续，比如说，3
183 个单位，因此主观时间 5 会持续到主观时间 7。

…Ⅲ… …Ⅳ… …Ⅴ… …Ⅵ… …Ⅶ… …Ⅷ…

------------------------------>

物理时间

12　23　34　45　56　67

…3… …4… …5… …6… …7… …8…

------------------------------>

主观时间

那么，回到我们关于情态的问题上，如果一个情态（或电话呼叫） 184
的信号在时间 V 出去，而返回信息在时间 VI 回来，输出信号与返回信号将都是相同的时间 6 和时间 7 之间的主观时间的一部分。并且如果它们以这种方式成为同时期的，那么后者影响前者的当前意义就没什么不合逻辑了。

在这个例子中，我们现在被允许提出建议：拥有感觉毕竟不仅仅是发出一个指令，而是“发出一个潜在的指令并在主观当下的范围内接收确定的回答信号”。意向性既不会在回顾（retrospect）中也不会“在预期（prospect）中”建立，而是“在 transpect 中”建立：因为预期结果和实际结果被卷为一体。

但在这个被过高评估之前，我应该以一个实际上完美的世俗假设来做出解释。

我之前问：大脑情态做什么（假设它们确实做了一些事情）？根据这个讨论，一个显而易见的新回答就是上一章图 9 中已经差不多明确的那个回答。图 9b 中大脑情态所做的，可以说满足了传入感官神经。它们建立了一个循环的反馈回路（feedback loop），结果是输出信号与返回信号融为一个更大的、持续更长时间的过程。

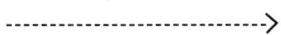

关于“反馈回路”并没有什么神秘之处。当一个系统的输出影响到了这个系统的输入时，“反馈”就发生了；此外，当输入影响到了输出
185 以及一个因果作用循环建立时，一个“反馈回路”就出现了。

图 10 展示了一个这样的回路。输出 A 引起输入 B，输入 B 引起输出 A’，输出 A’引起输入 B’，输入 B’引起输出 A”，等等。

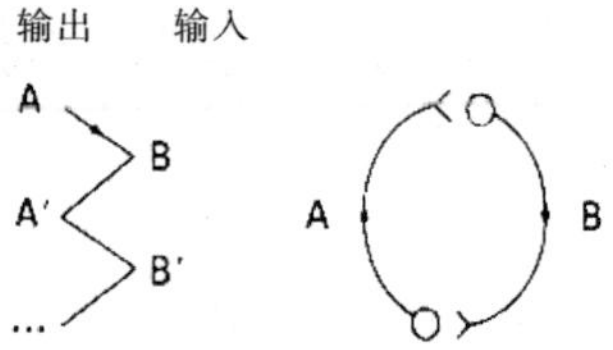

图 10

因为这种回路中的活动是自我传播的（self-propagating），因此输入与输出之间的这种乒乓球式的交换原则上能无限持续下去。但实践中这个过程很可能会衰减。尤其是在信息围绕一个回路流动的例子中，有些信息几乎肯定会在回路过程中丢失，而噪音水平则会增加。

流通信号的延迟率将有赖于回路的整个“保真度”。并且两个主要因素有可能影响它。第一，在输出中有多少信息实际上会作为输入中的信息返回，反之也如此。第二，沿着输出和传入通道有多少信息会丢失。通常，在每个末段——从输出到输入以及从输入到输出——的耦合越紧，通路越短噪音倾向越小，信号在回路中流动的生命周期就会越长。

当然感官反应引起这种反馈回路的可能性从一开始就存在。事实上，这不仅是一种可能性而且是相当的确定性：因为所有情感上的反应都是关于反馈的。“喜欢”一个刺激就是以一种保持或增加它的方式对它做出反应，“不喜欢”它就是以一种控制或减少它的方式对它做出反
186 应，这种反应的效果（实际上是目标）就是精确地影响反应所针对的刺

激条件。反馈回路的形成因此是极为适当的。

然而，我们必须考虑在感官反馈回路中这个活动的衰减会多快。对此，重新回顾一下上一章的图示是有益的，但这次借助的是素描中的完整回路。

正如图 11a 所示，在早期，我们认为这个循环会有非常低的保真度。一个原因是循环比较长并且比较嘈杂。但另一个更值得注意的原因是感官反应本质上是身体活动，并且这个循环必须通过外部世界来完成。有机体必须做一些外在的事情来改变输入：例如，它必须游离避开

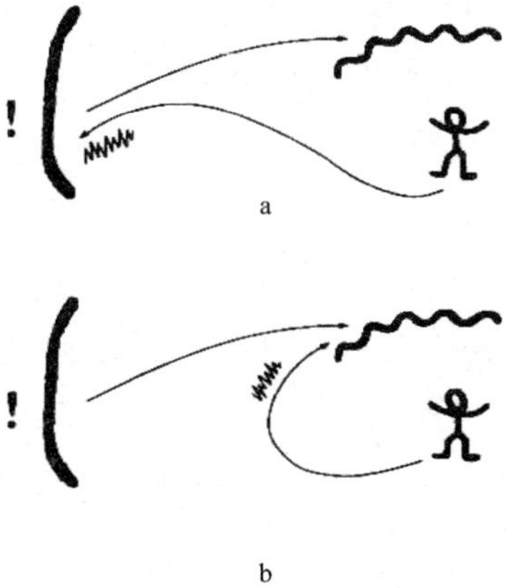

图11

刺激源，或吮吸它，吐掉它，拥抱它，踢它，或其他诸如此类的动作。

在这些环境中，输出与输入之间的耦合相对粗陋，并且很少有关于反应形式的详细信息会被转运至感官。例如，尽管阿米巴虫的蠕动肯定会改变输入，但蠕动的精确形状或动力学不会保存在返回信息中。因此，实际上关于情态一次次进入回路的信息不太可能是真的——因此可 187
以说感官活动通过反馈对延展时间继续有效也不太可能。

然而，随着从肉体情态到大脑情态的演化，情况发生了改变。身体表面的感官反应逐渐被针对传入神经并最终被针对感官投射皮层的反应所取代，以至于最后的结果是：不仅循环更短，而且输出到输入的耦合更紧密。

首先，诚然很难说当感官反应确实“满足”传入神经时结果会怎样。但我们可以假设，在演化过程中这种满足已经变得越来越能交流。结果是，最终大部分有关被发送用于在感官皮层上产生的情态信号的详细信息将保存在从皮层返回的信号中。因此，这个纯粹的“大脑感官循环”中的信号现在在它消退前能回响一段相当长的时间。

于是，假定这种回响的反馈循环实际上存在于我们自己的脑中，我们就可以回到感官活动的“指令”和“意向性”问题上。

感受一种感觉“就是发出一个情态指令”，然而不足以想出这个建议的问题出现了：因为，引起情态的信号如何算作一个指令，这并不明显——除非，也就是，存在某种“反向因果作用”。

但再次考虑图 10 的一般反馈循环。当我们有“A 导致 B, B 导致 A' 等”的关系时，我们当然没有 B 导致 A 的反向因果作用。但我们有的是 B 导致 A' 的正向因果作用。因此，当说作为整体的 A 是作为整体的 B 的原因的同时，同样可以说在一个长时间持续的序列中作为整体的 B 是作为整体的 A 的原因。

因此，说来也奇怪，留给我们的东西是原因与结果的混合：作为 B 的原因的 A 也是 B 的结果。并且，如果现在我们将这个长时间持续的序列等同于“延展的现在”，那么我们的情况就会是：在它发出的时刻，
188 A 就已经（在这个当下）受到它要引起的 B 的影响了。因此，A（从作为仅仅导致 B 的信号）实际上已经变成了为 B 的信号和关于 B 的信号。

然而，我应该更加明确。假定 A、A'、A" 等是内部指挥者发出的信号，它们在视觉皮层产生了红色情态，而 B、B'、B" 等是返回内部指挥者告知红色情态事实上正在发生的信号。为了论证的需要，假定循环的保真性就是：视网膜上红光一闪所建立的活动寿命是大约 1/10 秒；

换言之，循环信号在作为噪音丢失之前大约持续 1/10 秒。

现在，如果这个 1/10 秒对应于主观当下，这将意味着：贯穿于这个当下，这个内部指挥者既发布红色情态的重复信号，并接收信号正在做什么的重复确认。根据刚才的分析，输出信号将因此被转换成红色情态的信号。因此，根据我之前提出的最新标准来判断：感受一种感觉就是在主观当下的范围内发布一个潜在指令，并接收一个确认的答复信号——于是主体会感受这个红光的感觉。

把一些现象学的肉裹在这些光秃秃的骨头上就好了。

为了让这个例子相对简单点，我假定传入信号是短暂的一道闪光。如果传入信号持续更长时间，那么情况肯定会更加复杂，因为很有可能发生当前的与复发的输入之间的重叠。然而我们可以放心地假定，当刺激持续时，感官活动不是消退而是继续回响并通常达到某种均衡。因此，我们应该期待，如果刺激持续更久，那么主观感觉通常也会稳定。

然而，这种存在的可能性是：如果循环中存在合计，活动可能不会达到一个均衡。我们期待可能存在的情况是，活动聚集而渐渐增强，或以 189
振荡的形式起落。我无法在视觉感觉中想象这种效果。但在触觉感觉中则一定会存在。即使当刺激保持不变时，想象痒如何在强度上增长，或疼痛如何悸动；轻轻地用毛刷触碰你的上嘴唇，并感受感觉如何逗留。[125]

在现实世界中大部分刺激实际上是相对短暂的，因为我们的身体是不断移动的、我们的感官不断探测环境的不同部分。也许结果是，构成有意识当下的东西很大程度上是直接感官的余晖（afterglow），它是由刚刚过去的刺激留下的——即反射感官循环中消退的活动。接下来，这个有意识当下的时间深度和主观丰富性注定是由这种这个动幸存多长时间决定的。

那么，要是这个循环的保真性以及因此这个活动的寿命在某种程度上是状态依赖的会怎样——例如，受唤醒或警觉的一般变化的影响，或受致幻药物的影响？这就意味着：有意识当下的深度在某种程度上是可变的——就相当于来自钢琴的声音的深度可能因响亮和柔和的踏板的加强或减弱而延长或缩短。

我早前提到所谓意识扩展药物的效应，我也提到赫胥黎描述在墨斯卡林的影响下的自我体验：“视觉印象被大大加强了……像这些花一样，（我书房墙上的这些书）绚丽夺目……有更明亮的颜色、更深远的意义……”看起来似乎极有可能：他描述的是一种心智状态，在这种状态中，感官活动超过正常范围继续回响，而有意识的当下持续的长度极为不寻常（或许，这对像特纳这样的画家而言是相当“正常的”一种心智状态）。

相比之下，人们有时候体验到抑郁状态，此时视觉强度受损，颜色显得单调并且褪色。在此情形中，仿佛感官活动的生命被缩减了，而有意识的当下也收缩了。

190 当反射活动受到阻碍时所发生的最引人注目的例子可能是睡眠状态。当一个人不知不觉“睡着”时，有意识的当下会显著收缩，以至于无，而主观时间就变成为物理时间的浅流。

这些看法可以表示在下面的图中。

墨斯卡林	0 123 ...4...	1 234 ...5...	2 345 ...6...	3 456 ...7...	4 567 ...8...	5 678 ...9...
正常状况	23 ...4...	34 ...5...	45 ...6...	56 ...7...	67 ...8...	78 ...9...
抑郁症	3 ...4...	4 ...5...	5 ...6...	6 ...7...	7 ...8...	8 ...9...
睡眠状况	...4...	...5...	...6...	...7...	...8...	...9...

———→

主观时间

...Ⅳ... ...Ⅴ... ...Ⅵ... ...Ⅶ... ...Ⅷ... ...Ⅸ...

———→

物理时间

25 欢呼！ 191

自从我一开始关注“拥有感觉是什么”的演化史以来，在这最后这部分，我们要再次讨论“有意识的”（conscious）和“意识”（consciousness）这些术语。

我的论点是：无论这些复发的反馈环以什么方式和在什么时候形成，意识事实上也就出现了。也就是说，大脑情态无论以什么方式和在什么时候成为一个过程——该过程期望它自己的存在并创造它自己的物理时间之外的延展当下——的部分，意识就出现了。

对人类（以及已经到达这个相同演化水平的其他有机体）而言，要“感受一种感觉”也就是成为回响活动的创作者、听者和享受者，三者合为一体。

谁说意识就是那般出现的呢？因为我刚刚说过，显然我是这么认为的。但为什么其他人也要接受这种主张呢？我认为他们应该接受它，因为如果他们接受了我早先陈述的解决心一身问题的程序，那么他们将认识到所有解释意识的成分现已就绪。

让我回顾一下这个程序以及已经取得的成就。

其中的起点是感觉与知觉之间的根本差别。贯穿于本书的第一部分，我认为动物已经演化出了两条完全分离的方式，来表征在身体表面发生的事情——感觉是对“正发生在我身上的事情”的负载情感的表征，而知觉是对“发生在外界的事情”的情感中立的表征。这种区别
192 对每一件继而发生的事情仍然是关键的。因为，只有坚持这一点，我才能说明我的例子，即，意识——被定义为所感受的和呈现给心智的东西——实际上在范围上非常有限。意识并没有包含高级心智功能（知觉、意象、思维、信念等等）的整个范围，它的独特性在于“拥有感觉”。而所有其他的心智活动（无论出现在人类、非人类动物或者甚至机器中）都在意识之外，没有被感受也没有呈现给心智，除非它们伴随有我所称的感觉“提示”。简言之，“我感受，故我在”（I feel, therefore I am）（并且，正如米兰·昆德拉指出的，“‘我思，故我在’是一个理智的命题，它完全低估了牙疼”[126]）。

当问题以这种方式被限定后，本书的真正工作才开始——也就是分析“拥有感觉的是什么”。在第 17 章中，我考察了感觉的突出特征。它们包括：“感觉典型地（i）属于主体，（ii）与他身体中的特定位置相关联，（iii）是模态特异的，（iv）是现在时态的，并且此外（v）在所有这些方面都是自我描述的。”我声称，这个任务就是“解释感觉的这些特征如何从人脑的一个合理机制中推导出来。”

接下来的论证部分是逻辑的，部分是生物学的。我根据第一原则做出判断：感觉的这些特征是一些并且只能是一些过程的特征，这些过程与身体活动有很多共同点。因此，感觉活动（activity of sensing）——即我所谓的“sentition”——一定是演化而来的并且今天仍然是一种活动，这种活动延伸出去，并且恰恰在感觉被感受到的地方做某些事情。事实上，人类的每一种可区分的感觉都对应于生理上不同的身体活动形式（或者在真实的身体表面或在内部模型的替代位置上）——并且要使某人感受一种特定感觉，那么就是要他发布引起适当活动所需的“指令”，无论这个指令是什么。

以此作为基础，我回头来看感觉的演化谱系。我认为，当今的感官活动是从原始的开端一步步发展起来的：首先是对身体表面刺激做出反应的一个局部的“接受或拒绝的蠕动”；随后是由从身体表面发起到脑再返回的神经所调节的感官反应；再然后还是这个循环的一个进一步的 193
短循环，它的目标不是身体表面本身而是传入感觉神经；最终是出现在高等动物中的脑内的感官回响反馈回路。

因此，我已经有了一个作为拥有感觉基础的脑机制的具体假设（其具体性是指一般的逻辑要求，而不是严格的生理基础）。就它仅仅涉及那些简单反馈回路而非更多神经生理学的古怪东西而言，这个机制在生理学上是合理的。它在临床上也是合理的，因为它与感官路径的受损（幻肢、感官皮层受损后的感觉缺失等）的有效或无效的证据是一致的；并且，正如在上一章结束时提出的，它也为意识深度的变化提供了一种合理解释。最为鼓舞人的是，它在演化上是合理的。

此外，这种机制几乎具有（或在历史的各个阶段曾经具有）所需的所有现象学特征。感觉独属于一个人自己的这个属性来自感觉存在于“我”（即我的执行自我）引发的活动中。暗指一个事件的此地和此时的属性，来自这些感官活动延伸出去在所指示的时空位置创造一个物理扰动。拥有一种模态特异的品质这个属性，来自与拥有自身“状语风格”的身体表面不同区域相关联的活动。对整个主观当下期间存在的这个属性，自感官活动甚至在刺激停止后还要生存一段不可忽视的时间。最后，自我描述这个属性，来自循环返回并成为服务于自己的自我指涉的指令。

欢呼！可是，“所有”解释意识的成分现在都就绪了吗？或者仅仅是“几乎所有”？可能这个主张应该被限制在“几乎所有”上，直到一个悬而未决的问题被解决为止。

194 26　欢呼！——为这些古老方式

正如前面几章的评论表明的，我能够公正地宣称，解释意识的所有成分在讨论过程的某一点上已经就绪——即在演化过程的某一点上。不过仍需要表明的是，最终，它们在同一个时间都就绪了。

这个问题总的来说并不严重。在建立整个图景时，的确，我已经分别介绍了感觉的各种属性——相对于一个演化阶段，我论证了其中一些；而相对于一个后来的、改进的阶段，我论证了另一些。尽管如此，我能够论证，大多数已经存在的特征将会贯彻下去。

例如，在理解感觉本质的“归属感”和“指示性”将保留下时，并不存在困难，因为我们现在很清楚，在从身体情态进展到大脑情态时，大脑回路的活动是如何仍保持其原始的索引属性的。然而，在理解这如何适用于同样本质的感觉的“品质特征”时，却可能存在一些困难，因为我们还不太清楚，大脑循环的活动是如何仍保持其原始的模态特异的品质的。

在本书早先讲述有关模态品质的故事时，我认为，正如原始阿米巴虫接受或拒绝的蠕动逐渐形成为出现在专门的感官接受区的中央生成的
195 情态，这些情态（以及引起它们的输出信号）会因它们的“状语风格”

而区分开来。尤其是，我认为情态的模态性将会由它们指向的上皮细胞（epithelium）的结构所决定；而亚模态品质是由它们在那里所执行的情感功能的性质所决定。以至于，例如，在感觉鼻子处的芳香的例子中，嗅觉品质源于情态涉及鼻黏膜这个事实，而芳香品质则源于它们涉及一种特定的正向情感类型这个事实。

麻烦在于理解，一旦感官反应不再触及真实的身体表面而是针对感官皮层上的替代身体时，这个故事如何还能继续适用。因为这就必须要问，为什么决定身体情态之状语风格的任何原始结构或功能的考虑依然完全与大脑情态相关。

或许出现于皮层的情态形式不再贴切地由目标结构决定，因为感官皮层的不同区域与作为它们输入来源的感官上皮细胞没有任何结构的相似性，而事实上它们都基本相似。因此，不存在（例如）一个出现于视觉皮层的情态为什么仍要拘泥于具有一个出现于视网膜上的情态的视觉风格的理由，或者不存在（例如）出现于嗅觉皮层的一个情态为什么仍要拘泥于具有出现于鼻黏膜上的情态的嗅觉风格的理由。此外，既然这些大脑情态已长期不再与引起刺激环境的变化直接相关，因此也就不存在情态形式为什么还要由任何情感功能贴切地决定的理由。

的确人们可能会认为，一旦大脑情态不再与身体实在继续往来，那么"状语风格"的整个想法就会变得完全多余——即如果我们不知道这个历史，那么它就会成为我们甚至根本不会考虑的东西。并且，如果那样的话，我们可能就处于以一个不再是感官品质理论的感觉理论作结尾的危险中（就像尝试过它的其他所有人那样）。为了避免这个状况，我应该讲述这个故事的最后一章。

"（大脑情态有一个）'状语风格'的整个想法已经变得完全多余
了……如果我们不知道这个历史的话。"但事实是我们知道这个历史； 196
或者，说得更确切些，事实是大脑情态的确有一个历史。因此，我们应该能够求助于我们的老朋友，演化保守主义。

我打算离题一下（而为什么离题的正当理由马上就会变得一目了然）。

在《设计的演化》（*The Evolution of Designs*）[127] 一书中，建筑师菲利普·斯特德曼（Philip Steadman）注意到人类工匠表现出的一些保守趋势，他们执著于将过去设计的元素融入他们的当代作品，很久以后，这些元素的最初目的被取代了甚至完全被遗忘。他援引的例子是，直到最近，塞浦路斯（Cyprus）的陶工“仍会往新完成的陶罐上加两抹黏土，但却无法提供任何解释，除了认为这是一种传统的装饰形式。”结果，这个解释是“通过与考古学家在同一地区发现的 2500 年前的花瓶比较后”提供的，“这来自于精细陶制的女性形象。这两块突出物是女性的乳房”。

曾经具有实用价值但后来主要（如果不是完全）成为装饰性的（并且不再屈就功利主义目的）设计特征被称为“同形物”（skeuomorphs）（源于希腊语，意为“器皿”、“形式”）。这些例子广泛存在于服饰中（例如男士外套袖口上的纽扣）、工程中（例如早期汽车上的踏脚板）、以及在更大范围的建筑中。在古典希腊的寺庙（以及它们直到今天的传承物）中，很多石砌建筑物的装饰特征都与它们之前的木造建筑物的结构特征类似：例如，犬齿状的多利安式横条（the dog-tooth Doric frieze）最初源于由木制的支持屋顶横梁的裸露端所制造的模式，而最早的石砌寺庙甚至还有木钉的石质复制品。

工匠倾向于复制先前存在的模式。复制的理由有很多。部分是因为复制是容易的——参与早期版本开发中的选择或规划现在内在于结构中，并且无需再次完成这项工作复制也能进行；部分是因为复制是安全的——早期版本完成了所需要的工作，并且复制品被认为能够至少一样好地完成任务；并且部分是因为复制所创造的物体与人们的预期一致——早期版本已经为设计“应该”像什么样子设定了标准，并且复制
197 品最终有一种令人感舒适的亲切感。正如经常发生的那样，当新老版本

共存于同一个环境中并且有必要避免一个风格冲突时（例如，石砌寺庙与木制寺庙比邻而建时），后一个因素就很可能尤为强大。

现在，适用于文化演化的也适用于生物演化。在生物后代的生殖中，再一次复制一种已建立的模式是容易的，它不需要重新设计的工作（并且基本上这都可以留给现存的基因去完成）。再一次它也是安全的，它为后代生物至少拥有与其祖先一样好的适应性提供了保证。并且，它再一次与预先存的准则（cannons）一致，这就降低了有机体的一部分将以一种与其他未改变部分相冲突的方式而被现代化的风险。

因此，即使它们已经演化出了新的行事方式，我们应该期待生命有机体将会坚持过去的一些无关模式。换言之，我们应该期待发现（并且事实上能发现）生物学的同形物，生物学的“器皿形式”（utensil forms），或者坚持作为装饰或者有时仅仅坚持作为无用的包袱。

乌龟横跨南太平洋的旅程就提供了一个这样的例子。就人类而言，存在一些在如阑尾、智齿和组成尾骨的融合椎骨中的解剖学的例子；以及在一些怪癖（诸如我们惊恐的时候头发会竖起来，我们对麝香味的嗜好，我们需要每晚 8 个小时的睡眠以及女人的月经周期）中，存在一些生理学的例子。

那么，认为大脑情态的持续品质性状——即“已经不再与身体实在往来的情态”——也是一种同形特征，这难道没有意义的吗？

考虑下面来自文化演化的类比。今天，在当前使用中存在各种手写字母：罗马文、希腊文、希伯来文、中文，等等。让我们假设（只是为了类比的需要，即便实际上并不是真的）每一种字母的一般风格都是在过去由手写字母书写于其中的物理媒介决定的：罗马文书写字母被刻入石头，希腊文被尖笔刻于蜡片上，希伯来文用羽毛笔书写于 198

纸莎草纸上，而中文则用毛笔写在宣纸上。此外，让我们假设（即使这也不是真的），过去每一个字母的形状都部分是由发出相应声音的嘴巴的运动决定的，例如，在罗马文的书写字母中，字母 b 和 p 都有一个朝前的弧形部分，因为它们对应于涉及嘴唇爆破运动的声音（比如，与 g 和 d 相比）。

当然今天我们不再采用相同的书写媒介，并且我们不再像我们写的那样装腔作势地说出那些字母；事实上今天我们已经在许多语境中完全放弃了手写那些字母，转而依靠打字机或打印机。可是我们仍旧保留了对祖先字母表的上两项特征的忠诚（即使是在电脑屏幕上）因为发明一种新的书写方式是困难的、有风险的和不和谐的，因此任何改变必将遭遇文化惯性的反对。

我希望与情态的这个比较是一目了然的。因为运行于生物学中的这三个相同原因，情态继续保持了其状语风格的结构和功能成分。因此，例如视觉皮层的情态依然保持着它们的视觉风格（好像它们仍然使用视网膜的媒介），此外对红光做出反应的情态仍然保持着它们的红色风格（好像它们仍然对刺激产生一个防御反应），因为任何改变都会受到生物学惯性的反对。

如果这是正确的话，就会产生两个问题。第一，在功利主义的基础上，情态不再受制于任何种类的选择吗，以至于它们的风格变成是纯粹“装饰的”；第二，在没有选择的情况下，情态的风格真的保持完全不变吗——结果是，人类情态的风格仍然非常类似于我们远亲（猴子，或者甚至青蛙或蚯蚓）的那些情态吗。

关于第一个问题，我们必须记住情态始终起的表征作用。自很早以
199 前，有机体对刺激的反应就给有机体提供了对刺激的心智表征，即在对“发生在我身上的事情”的感觉水平上的表征。并且，如我们所见，正如原始动物一样，高级动物仍然以多种方式依赖于这样的感官表征，不

仅是出于评估在身体表面发生的事情是好还是坏这个主要目的，而且还出于对知觉确认这个次要目的。

因此，我们可以肯定：还会继续存在选择以确保情态之间的差异被维持。例如，如果我在视网膜上对光的反应继续将这个刺激表征为光而不是触摸，那么视觉情态将不得不保持与触觉情态的明显不同；同样地，如果对红光做出的反应是继续将刺激表征为红色而非蓝色，那么红色情态将不得不保持与蓝色情态的明显不同。

但是，鉴于这个区别可能仅由传统维持，那么这样一种隔离机制为什么必要呢？理由就是：当传统仅仅由复制传递时，没有持续的选择压力，它们总是易于遭受“遗传漂变”（genetic drift）；换言之，在复制中小错误不断积累，直到最后版本可能实际上剩下的与最初版本几乎没什么相同之处。

斯特德曼援引了这种漂变的一个引人注目的例子，它发生在罗马－不列颠（Romano-British）硬币史上。曾经有一种原始金币，上面印着戴着花环的马其顿国王腓力二世（Philip of Macedon）的头像。但因为当地复制品是由（稍微有些粗心的）英国工匠所铸，“这个国王的脸很快在复制中消失了，只剩下了花环。花环随后又经历了各种显著的变形，被粗糙地处理成矩形和椭圆的模式，因此就变成了小麦或大麦的麦穗；而硬币中间国王自己的耳朵则变成了对称的月牙，而这些月牙随后又有了相匹配的星星”。这个例子也许有点极端。但是，即使多利安式横梁也以一个合理的方式漂变自一排木制横梁，而塞浦路斯陶罐上的隆起物也不再显得特别像乳房了。

所以，这种漂变也可能——的确我们应该认为它大概已经——发生
在大脑情态上。然而，在大脑情态的例子中，漂变至少在某种程度上需 200
要维持一种感官表征与另一种感官表征之间的差异。例如，选择必须确保视觉情态的风格绝不允许变得与触觉情态太相似，或者红色情态的风格不能变得与蓝色情态太相似。

当然这同样适用于手写字母。几个世纪以来，事实上已经有相当多

的漂变出现在字母书写的精确方式中。但书写字母也始终有一个表征角色要扮演，即对不同言语声音的表征。因此，在每一种字母内，都存在持续的选择压力以保持这些单个字母看起来不同——例如，防止 bs 过多地向 ds 的方向漂变。

是否还存在孤立这些不同字母本身的选择——这不是那么明显。但为了让与情态的类比更强，让我们想象如下场景。假设一开始，不同字母系统除了适应不同的书写材料，还被用来专门表征不同种类的主题：所有罗马字书写的内容可能都是关于光学的，所有希腊文书写的内容都是关于声学的，所有希伯来文书写的内容都是关于力学的，所有中文书写的内容都是关于美食的。那么，假设人们总是能够扫一眼就知道是什么主题，那么的确就存在持续的压力以维持一般差异，防止任何一套罗马字母系统中的字母变得看起来很像希腊字母系统中的字母。

THIS IS THE WAY A FROG SEES

THIS IS THE WAY A RAT SEES

This is the way a monkey sees

This is the way a human sees

图 12

这就直接与第二个问题有关，即人类的大脑情态多大程度上持续类似于我们远亲的情态。如果事实上在感官反应的风格上存在漂变，但漂变受维持最初一般区别这种需要的限制，我们应该期待在相关种系的情态之间存在某种程度的类似但绝没有完全重叠。正如我们的书写和西塞罗（Cicero）的书写都仍是真正的“罗马字”，人类的、猴子的以及青蛙的视觉情态大概仍然属于真正的“视觉”传统。但，即便如此，正如哥特式罗马字已经漂离了斜体罗马字，不同物种的视觉情态实际上到目 201 前为止也有了自己的特异子风格。

由此可以推出：如果一个人以某种方式发现他自己正为猴子而不是人的视觉情态发布指令，并且——这就是所有，如果例如当他看到红色时，他能体验到一个猴子体验的，那么这个人大概会将发生在他身上的东西认作是一种“视觉”感觉以及甚至认作是“红色的”，但可能是一种不像他曾经感觉到的任何一种红色感觉。

但是，这不仅是有趣的跨物种的比较。因为谁知道是否所有的人类物种成员都有形式相同的情态呢？正如在同一间教室里学习的个体的书写之间都存在一些小小的差别，因此很可能属于同一时期、同一种族和同一文化的人类情态之间也存在小小的差异，或许有一天会出现一个全新的感官“笔迹学”（graphology）领域！

202

27 心智成就肉身

一个意识理论的首要任务必须要满足我们一直在讨论的基本的科学和逻辑标准。这个理论一定要描述脑的物理过程，在描述的适当水平上，该过程的属性应该对应于被感受到的感觉的属性。借助上一章增加的观点，我相信完成这一工作的要素现在终于齐备了。

可是，这并不是一个意识理论的全部。因为不可否认的是，如果这一理论想要公开地赢得这场争论，它还必须满足某一其他的修辞或辩证标准。尤其是它必须对各种各样的追加题做出回应，这些问题经过几个世纪的思辨，已经深深扎根于意识如何适应这个世界的世俗和外行的讨论中。

这是一些常青的问题，诸如对于他人的心智或他人的脑，我们能够知道和不能知道什么……狗、计算机或扶手椅是否有意识，以及它们各自的体验如何与我们自己的相比较……还有“作为一只蝙蝠像是什么”。

它们可能是或不是好问题，我们将会看到。但是，不管是好的还是坏的，这个理论无法回避它们。至少，它最好能够以一种令人满意的方式对那些人们觉得自己有权被满足——且不管对还是错——的问题上给予“回应”（talk back）。此外，它最好谈得令人信服，因为它们是那些
203 大多数人已经持有强烈（甚至是不可动摇）观点的问题，尽管根本没有任何理论的支持。

这并不是说这些问题能够或应该由民主投票决定［更不用说由约翰逊先生（Dr. Johnson）的“我如此反驳它”］，而是说，着手一个带有普遍偏见的必败之仗是毫无意义的。例如，当问题是“一只狗有意识吗”的时候，我们不妨承认这个公开坚持的唯一答案是“是”，而当同样的问题是问一张扶手椅时，这个唯一的答案将是“否”。简言之，这个理论必须是可以谈论的（talkative）和言之有理的。

我们现在必须要做的事情就是提炼出我的理论中的一些问题，在此过程中，我希望能够证明，这个理论不仅是可以讨论，而且它还能谈到许多常识。

意识范围在自然中能延伸多远？

我断定，这本书的每一位读者都接受我们在第 3 章一开始提出的一个前提：意识在宇宙中有一个时间和空间的范围，即历史上曾经有一个时期没有任何地方存在意识，并且即使在今天意识也不是随处存在的。［另一个替代的观点认为，意识始终内在于每一个物质颗粒中，这有时被称为“泛心论”（panpsychism），它是那些表面上具有吸引力的观点之一，但一旦要求做某些解释工作时，这种观点就会变的一无是处。］

然而，承认确实存在范围是一回事，而要给出那些范围是什么的原则建议则是另一回事——即提出意识为什么、什么时候以及在哪里首先出现，以及它的感染能扩展多远和在什么语境中扩展。然而，在这个方面，当前理论特别到位，因为它已经系统地发展为一个有关意识在演化中如何从一个无意识的开端出现的理论。

首先，我们能够断定，意识与身体紧密相联。要有意识，本质上就 204
要拥有对“发生在我身上事情”的感觉；换言之，就要有在我与非我边界上发生了什么的感觉。没有一个身体当然不会有这种边界，因此也就不会有让主体意识到的任何东西。例如，这就意味着，我们完全可以排除在非物质（incorporeal）实体——正如力场、数字、声波、彩虹、大学、流行歌曲、电话网络、或无形的灵魂或幽灵（这些诚然不太可能的例子）——中存在意识的可能。我们可以排除没有内在边界的物质实体（即使它们恰好是有界限的，诸如星际尘埃、泥潭或暴风雪）以及由单独的有边界个体（诸如一对双胞胎、一大群蜜蜂或者人类种族作为一个整体）组成的集体实体中存在意识。不管价值如何，我们同样能够排除作为整体的宇宙或作为整体的上帝——因为这两者都没有一个任何事情能够发生在其上的边界［在上帝的无限中，他能够感受到对“他”（Him）发生了什么吗？］。

其次，我们可以断定，意识与利己的（self-interested）身体相联。感觉是感官活动，它们（至少在其起源中）与什么是“好或坏的”有关。没有利己心，那么也就不会有对任何事情是好还是坏的评估，并且因此也就没有对拥有这种情感维度的刺激做出反应的可能性。这就意味着，我们可以进一步排除在所有那些确实具有边界，并且的确对发生在这些边界上的事情做出反应，但基本上不在乎对它们发生了什么的物质实体中存在意识的可能性。我们可以排除冰山或橡皮球或怀表或月亮拥有意识。事实上，在自然的非人造世界中，我们可以排除除生命实体以外的任何东西，因为根本没有其他东西会对它们自身的生存拥有内在兴趣，并且在其他东西中根本没有刺激对它们是重要的。

第三，我们可以断定，意识与一群非常特殊的生命实体相关，即这些动物在演化中已经超越了简单感官反应的阶段而达到一个临界点，在这个临界点，反应已成为具有显著生命期（lifetime）的再激活循环的一部分。感觉是意向性活动，它会在主观时间上持续一个延展的瞬间。如果在主观时间中没有这个延展的瞬间，如果活动不以这种方式存在，那么有意识的当下只能流产，而因此有机体就不能比我们自己在睡着时更好地有意识地觉知到发生在它身上的事情或有意识地觉知到它如何做

出反应。这就意味着，我们可以排除在所有如下有机体中存在意识的可 205
能性：这些有机体还处于这样的阶段，在此阶段感官反应是发生于身体表面的身体活动，而不是发生于脑的替代位置上的身体活动，并且因为在身体活动中这个循环太长并且太嘈杂以至于无法维持回响活动。我们可以排除阿米巴虫、蚯蚓、跳蚤等等。

在本书的前面，我将赌注押在这个上面。当在第 5 章讨论蚯蚓对光反应的例子时，我写道："但至少可以论证（蚯蚓对刺激做出反应的方式）应该被看作视觉感觉……假如我们将蚯蚓是不是有意识的担心置于一旁。"但现在，担心蚯蚓是否是有意识的正是我们所关注的，我们承认即使能够说蚯蚓不喜欢正在发生的事情是有意义的，但大概也不能说蚯蚓在有意识的当下感受到这个感觉是有意义的。事实上，我们不能说任何在脑中缺乏感官投射区的动物能够感受到感觉是有意义的，因为所要求的条件是存在一条高保真的短循环，而这种循环只出现在像我们这种动物的大脑皮层中。

目前，我们对其他物种的（或实际上我们自己的）神经系统的解剖学知之甚少，以至于无法明确地决定在这一方面其他哪种动物确实拥有与我们相似的脑。也没有理由相信只有人类才达到脑发展的这个必要阶段。但如果我们谨慎一点，我们也许应该认为它局限于高等脊椎动物，诸如哺乳动物和鸟类，尽管未必是其中所有的动物。

我们能够确定的一件事情是：无论在哪以及无论何时，在动物王国中意识事实上都已经出现了，这不是一个逐渐的过程。自由主义哲学家认为自然中不存在任何明显的不连续性，因此他们有时会认为意识是逐渐缓慢地出现的，有些动物"有点儿意识"，其他的动物更多一点。但根据这个理论，我们能够明确排除这一点。因为只有当反馈循环中的活动作为回响活动发生（took off）时，意识才会出现，并且反馈循环通常具有全或无的属性——它们或者以显著的生命期支持回响活动，或者立刻灭绝这个活动。因此，我们可以猜测，当感官循环在演化过程中变得更短并且它们的保真性增加时，一定存在一个意识突然出现的阈值， 206

正如存在一个我们由睡跨越到清醒的阈值。

“在意识之前”，感官反应没有时间性存在。不过，正如另一本书所说，在历史的某个关键点“道成肉身”（The Word was made flesh）——理所当然，在 sentition 的演化中必定存在一个堪比圣诞节的东西。

对外星生命、对地球上的人造生命或对有意识的人造机器的存在可能性，这个理论能谈些什么？

这个理论中还没有任何观点，或者也没有我想说的任何观点，会将意识局限于地球上的生命。如果生命有机体事实上在我们银河系中的另外大约五亿颗具有支持碳基有机化学的适宜环境的行星之一上演化，那么就很有可能在其中的一些行星上，实际上存在着一些生物，因为与我们一样的历史原因，它们现在也是有意识的。

也还没有任何说法将意识局限于基于碳基原子的生命而非基于硅基原子或其他什么东西的生命。根据这个理论，用计算机程序员的话说，正是软件而非硬件的属性才是至关重要的——也就是说，至关重要的是回响循环的逻辑属性而非它们是由神经细胞组成或神经细胞有一个特殊化学结构的事实。例如，一个硅基生命有机体，也可能顺利地演化出一个脑，这个脑包含的回路恰恰具有与我们所知的相同的逻辑属性。并且，根据这个理论，它也将够感受到感觉并活在有意识的当下。

因此，如果生命有机体事实上在无数个其他能支持另一种有机化学物的行星之一上演化，那么在这些星球上就很有可能也存在有意识的生物。

但如果由非标准生物材料构成的有意识生物能够生活在一个遥远星
207 球上，那么它们也可能存在于地球上。并且如果它们实际上没有在地球上演化，那么原则上它们可能在地球上被人类制造出来。当然，没有一个人类工程师会愿意（或者说有能力）以自然处理肉、骨骼、神经细胞、皮肤之类的活组织的方式工作。但是，鉴于重要的是软件而非硬件，或许一个非常好的机器人版的生物可以用更可操控的部件（诸如像铜线、整流器、半导体、二极管、塑料薄膜等）装配起来。换言之，人类工程师也许能够制造具有人工脑、人工情态以及人工回响感官活动的人造的有意识机器——也就是说确实是有意识的。

也许原则上它可能如此；但也有理由认为它原则上绝不可能。我现在正在讨论的不是一个工程师盲目地复制一个有意识动物的脑的每一个小突触，并且最终成为一个按照定义拥有所有动物所拥有的相同功能属性副本（！）的微不足道的例子。我正在谈论的例子是基于理论设计原则，从头开始建立一个有意识机器人——它知道必须被满足哪种生物要求和逻辑要求。而这在实践中几乎无法完成的原因是：没有办法重造这个自然的历史传统——这种传统已经赋予出现在自然脑中的活动以意识的独特模态品质。

确实，人们可以设计制造一个机器人拥有某些相当于生物“身体”的东西，这个“身体”有着某些相当于生物“兴趣”的东西，以至于它至少有可能进行表征，甚至在乎“发生在我身上事情”。人们也可能设计制造一个机器人拥有感官反应，可以使这些反应结束在脑的一个感官投射区，并成为闭循环的一部分，以至于它有可能会成为作者、听者甚至是合成回响活动的享受者。但所有这些都不会以向机器人灌输类人的感官意识而告终，除非循环中的活动也有正确的状语特性。而使得它尤其难以将这种关键的状语特性设计进去的原因是，正如我们所见，人类 208
自然出现的情态很大程度上是一个历史偶然—— 一个同形物的特征——根本不是设计进去的。

同形物特征的关键之处在于：它们不再有任何“设计意义”（make any “design sense”）。打算制造一个有意识机器人的工程师当然可能仅仅凭借运气实现目标，但这就好像打算做一个精心设计的陶罐，结果却做出了一个上面有把手的壶，或者好像打算制造一个打字机，结果却做出了一个使用罗马手写的机器。的确，重新发现情态的关键状语特性（而不是碳摹本）的唯一方式就是模仿整个自然演化的过程，这个过程首先将它们置于像我们这样的动物中。但我们一直都知道意识可以通过自然演化创造出来。受到质疑的恰恰是由绘图板完成它的可能性。

这不只是一个对人工意识观念的暂时的、表面的反对。一个理由认为，任何根据第一原则进行的理性设计过程都不会成功。工程师所面对的东西就像一个与数学中的哥德尔定理（Gödel's theorem）等价的设计。哥德尔定理说，任何算术系统注定存在一些无法从公理中推出的属性——即存在无法证明是真还是假的算术陈述，也即所谓的哥德尔句子（Gödel sentences）。用类推的方法（当然不是一个严格的类推），任何自然出现的生物系统都会有无法从它当代功能的考虑中推出的属性——存在关于它的真的事实，但任何再造它的设计驱动的尝试却无法捕获这个事实。

这些生物学的哥德尔句子可能通常无关紧要。但对意识而言，它们将是决定性的：即在一个有意识机器人与一个其意识本质上缺乏有意识品质的（即明显无意识的）机器人之间产生差别。

209 在其他有意识的动物身上，对这个理论我们期望得到哪种证据？

有一件未受质疑的事情是，即使意识不太可能出现在人造机器人中，它确实出现在人类中，并且可能也出现在大量非人类的动物身上，既有地球上的也有在其他星球上的。

地球上的动物，当然只有人类能对他们的意识做公开的肯定，因为我们拥有与他人交流意识的唯一明显方式就是语言。一个无可争辩的事实是，我们无法就有意识感受与黑猩猩、狗或喜鹊进行交流（并且也可能无法与外星人交流，除非他说的是一种我们能够理解的语言），即这种我曾与莉莉有过的交流。但我们能够与各种各样的其他人进行这种交流，这是我们时常做的。正如我在第 17 章所做的那样，我们的确能够走得更远并且把对感觉特点——它们的指示性、模态品质、存在等等——的特定内省观察的结果搁在一边，从而寻求其他人的赞同："是的，我理解你在讲什么，并且是的，对我也是如此。" 假如我们得到赞同，那么我们能合理地认为其他人也像我们一样是意识俱乐部的成员。

我们无法与其他物种进行这种交流的事实是一个遗憾。但这就是生活，而生活确实将一些偶然限制施加在我们能够得到关于其证据的事物上——但这些限制未必是对实际状况的限制。例如，我们从自己所处的位置无法看到月亮另一边的事实，并不意味着月亮不在那里；同样我们无法在交流中确定狗是有意识的事实，并不意味着它们没有意识。

然而，回到人造机器人上。对机器人而言，存在一个哲学怀疑论的
传统，它是一开始是从完全相反的方向提出问题的：不是问（如果它有 210
意识）我们如何知道一个机器人是否有意识，而是问（如果它没有意识）我们如何知道它没有意识。继续图灵测试（Turing Test）的讨论，人们严肃地认为，如果一个被编程的无意识机器人就像人一样回答了关于意识的问题，那么我们实际上会遭愚弄而认为它事实上是有意识的。[128] 这个无意识机器人，当被邀请对17章中我们关于感觉的言论进行反应时，它可能也会说，"是的，我（即这个机器人）理解你在讲什么，并且是的，对我也是如此。"由此人们可能认为，与我刚才说的在其他生命有机体中做的意识测试一致，我们不得不吞下我们的保留意见，至少暂时欢迎机器人也加入意识俱乐部。

然而，这对一致性要求过高。对生命有机体恰当的一个测试如果被应用于由另一个有意识存在物操作或设计的实体，那么不可能指望产生可靠的结果——这个主张事实上对我们是完全开放的。例如，一个口技艺人的玩偶也可能通过这个对话测试。但是如果这样，我们不会得出玩偶是有意识的结论，一个更明智的结论是：这个我们与之对话的玩偶的操作者是有意识的，因此给出意识证据的是操作者而不是玩偶。

无意识人造机器人的例子稍有不同，因为没有一个直接操纵它的有意识的人。然而存在某个对他的建构和设计负责的人。并且如果这个机器人能如此有效地掩饰，那么它只能这么做事，因为这个设计者

本人知道需要哪种回答——因为我们能够肯定，一个本身无意识的设计者无法写出一个足够令人信服的程序。因此明智的假设智能变成：这个我们与之直接对话的设计者是有意识的，因此有意识的是设计者而不是机器人。

然而，假如我们不能如此明智，而只能愚蠢地始终如一，那么这个对话测试的境况仍不会太糟糕。因为即便我们可能最后错误地断定机器
211 人是有意识的，这也只是半个错误。这个测试会正确地诊断出意识在某处插手：如果不是在机器人本身中，那么就是在隔着的设计者中。我认为应该高兴地接受这个境况。在一个无法完全知道可能发生在我们身上的骗局的世界中，事实是我们有时肯定会受骗，而那也是生活（而这不是一个哲学灾难）。

其他有意识动物的体验品质如何与我们的相比？

如果其他动物有意识，它们体验的东西是它们自身大脑循环中的感官活动。并且，根据这个理论，它们的感觉品质将直接与相应情态的状语风格相联系。因此有可能在原则上陈述各种状况，在这些状况下一个动物的体验类似或不同于其他动物的体验。

在上一章的最后，当讨论情态风格如何在演化过程中“漂变”时，我提出了一些相关思考。根据那个讨论，我们期望，在单个物种中，从一个个体到另一个个体存在很大程度的重叠，而只有微小的“笔迹学的”个体差异。因此，例如，任何其他人对芳香的感觉很可能与我们自己的感觉极为相似。近缘物种之间也会存在重叠，尽管由于遗传漂变的原因，这种重叠也许相当小。即使如此我们也期望，至少存在一种一般相似性：一只猴子对红色的感觉、一条狗对疼痛的感觉或者一只熊对芳香的感觉很可能至少与我或你有相同的品质范畴（league）。

因此，正如经常被提出的那样，当这个问题是：成为“一个独特感官环境中某个其他个体‘像是什么’”我们不应该羞于提供答案。这个

回答是，成为另一个人像是什么大概非常像成为相同环境中的我们自己像是什么；并且成为另一个近缘的动物像是什么大概也非常像这种情况。（我认为“像是什么”的问题局限于基本的感觉品质，而不限于它的任何高水平“思想”——熊与人，即使在品尝蜂蜜时有相似感觉，却 212
也完全不必以相同的术语来思考蜂蜜。）

然而，这个回答有赖于一个明显条件：即，我们与其他动物有非常相似的感官。如果我们自己与之相比的其他个体缺乏我们自己对特定刺激形式的敏感性，或者如果它对一种我们并不敏感的刺激敏感，那么它在特定感官环境中成为它像是什么，当然完全不同于成为我们自己像是什么。

如何不同呢？那像是什么呢？想象另一个对特定种类刺激的敏感性要比我们低（比如说，色盲或聋子）的动物的体验显然不是什么大问题。同样想象另一个对特定种类刺激的敏感性要比我们高（比如说，对紫外线或超声波敏感，假如这个感官模态是我们熟悉的）的动物的体验也不会是什么大问题。在一种特定模态中，情态的可能“状语空间”大概是有限的，并且鉴于要尽可能保持情态有所区别的需要，因此如果动物演化到能够充分利用这个空间，那么就有意义了。因此，例如如果一个动物能听到比我们所能听到的高或低的音高，我们大概就能假定它所听到的最低声音拥有的感官品质与我们所能听到的最低声音的感官品质是一样的，而它们所能听到的最高声音拥有的感官品质与我们所能听到的最高声音的感官品质也是一样的；换言之，它的感觉品质的范围与我们已知的相似，即使它恰好覆盖不同范围的刺激。

然而，可能会提出一个主要的问题是，是否另一种动物对位于我们已知的任何感官模态之外的一种刺激敏感——这提出了一种可能性，即这个动物感受过一个从未被任何人体验过的品质类型的感觉。哲学家讨论最广泛的例子是蝙蝠的回声定位感觉（sense）；但其他例子可能是由七鳃鳗所提供的电感觉（electric sense）或响尾蛇提供的热感觉（hermal sense）。

成为一只蝙蝠像是什么？尽管它受到了那么多关注，但蝙蝠的例子在这方面可能并不是特别有趣，因为一点也不清楚蝙蝠的回声定位是否确实涉及一种相异的感官模态。在它们的回声定位能力中，蝙蝠当然有
213 知觉能力，这种能力不像我们人类拥有的任何东西；换言之，它们有一种使用到达它们耳朵的信息来表征“发生在外界的事情”的异常能力。但是，这也没有理由相信，它们具有不像我们已知的任何一种感觉的能力：换言之，存在关于它们如何表征“发生在我身上的事情”的一种异常东西。毕竟，回声定位所涉及的感官并不是一般意义上的新感官，它是典型哺乳动物的耳朵，与我们自己的耳朵非常相像的耳朵。并且当声波到达蝙蝠的耳朵并引起基底膜兴奋时，蝙蝠的感官反应形式（即其情态的状语形式）可能与任何其他哺乳动物的听觉系统一样。因此一只蝙蝠在其耳朵处接收声音像是什么大概并不那么不同于我们那样时像是什么，即使当它是回声定位的，它对返回声音的体验也不比尖锐的听觉感觉更怪异。

皮肤视觉的例子提供了一个有帮助的类比。一个戴着第 10 章中所描述的皮肤视觉装置的人（在一些训练之后）拥有了我们大部分人没有的知觉能力。可是他没有获得任何新的感官能力：当振动使他后背的皮肤发痒时，他仍将“发生在我身上的事情”表征为触碰的品质。正如我们所注意到的，他可能事实上将他所有的注意给予知觉通道，因此完全掩盖了触碰的感觉；蝙蝠的情况也可能如此。例如，在追逐猎物的兴奋中，蝙蝠可能根本没有有意识地觉知到任何发生在它耳朵里的事情。尽管如此，如果它们觉知到了任何“发生在我身上”的事情，那将是拥有一种听觉体验。

但如果蝙蝠没有提供一个异常感官模态的有趣例子，那么有没有动物能够提供呢？如果一个动物拥有一种感官，这种感官会引起一种人类毫不知情的模态感觉，那么结果会怎样呢？根据这个理论，大脑情态紧跟身体情态的传统，而身体情态的模态风格最初是由它们出现于其内的感官上皮的性质决定的。因此，动物只有当它拥有一种感官——它在起

源上不同于任何人类感官，不同于结构上不同种类的感官上皮——时，它现在才会有其模态风格而不像我们的大脑情态。换言之：只有当动物 214
拥有一个与我们的任何感官没有共同血统的感官时。然而，在高级脊椎动物中，不存在这种完全相异感官的例子。所有人类感官以及所有那些脊椎动物的感官都演化自同一组感官，这组感官已经存在于我们都来源于此的祖先鱼类中。即使是对诸如毒蛇前额凹陷的热敏感器官或七鳃鳗体内的电器官这种高度改良的器官，也是如此。

因此我们可以得出结论，大概不存在对我们完全未知的感官模态，至少在脊椎动物中不存在。诚然，在无脊椎动物中，可能会存在。但我们已经得出结论：无脊椎动物，由于脑中没有感官皮层，无论如何不大可能有意识。

假如我们自己从未体验过一种特定的感觉模态，那么这将使我们身处何处？

当我写到大概不存在“我们完全未知”的感官模态时，我说的“我们”当然是正常人，拥有正常范围的人类感官，并且对它们的使用有恰当的体验。如果一个人失去其中的一个或多个器官，例如他天生是瞎的或聋的，那么他的立场将显著不同。

没有任何方式能使他（或许间接地）发现体验失去的感官模态像是什么？常识认为不行，我所提出的理论也认为不行。

既然感觉始终与在“我”身上发生的事情相联系，那么要知道感受一种特定感觉像是什么，就必须知道成为“我自己”像是什么。并且既然若我自己要感受一种特定模态的感觉，那么我自己就要成为具有相应模态品质的情态的作者，因此只有处于这样一个作者位置的人才能知道对他而言像是什么。但是，例如没有眼睛和视觉皮层的人，就无法处于视觉情态的作者位置。因此，他无法知道拥有视觉感觉像是什么。

正是这个感觉的意向性——即主体在发布情态指令时的本质部 215

分——使得任何人即使间接地进入都不可能，除非他拥有相关装置来亲自产生相应情态。奥斯卡·王尔德（Oscar Wilde），在听到另一个人做出的诙谐评论后，对一个朋友说："我希望我已经说过了那样的话。"他的同伴回答说："不要担心，你会的，奥斯卡，你会的。"这是一个合理的（fair）预言，因为（众所周知）王尔德拥有这个形成或重复全部妙语的恰当装置。但假如王尔德因为脑损伤而使他部分失语，以至于他选择性地缺乏讲这类特定话语的能力，那么他的同伴能真诚给出的唯一答复就是："你不能，奥斯卡，你不能。"

作为一个思想实验，考虑一个名为玛丽安的脑科学家的假想的例子［一个相关例子——尽管不完全是这个——曾被弗兰克·杰克逊（Frank Jackson）讨论过[129]］。玛丽安是一位研究人的视觉系统的生理学家，但她自己完全是个盲人，因为脑中缺少视觉通道。通过她的研究，玛丽安借助她的其他感官，从而当一个人比如有一个红色感觉时，她从外部知道有关这个人脑中发生的所有可能的情况。也就是说（因为我们假定她已经确认了情态的事实），她从外部知道关于视觉情态她可知道的一切，包括与看见红色相联系的精确的状语风格。于是问题出现了：这意味着玛丽安知道对她自己而言拥有一种红色的视觉感觉像是什么吗？根据我的理论，我们可以肯定地回答——不。因为，即使玛丽安知道一切从外部得到的关于情态的知识，但她还是不知道成为它们的作者像是什么。而既然她缺乏成为这个作者的大脑装置，因此这是一些她永远无法知道的东西。

一些哲学家非常困扰于诸如玛丽安的例子。当看到她无法进入她如此彻底研究过的这些被试的感觉中，一些人看到了深深的神秘；其他人则声称，如果她无法知道对他们拥有感觉像是什么，那么这只能意味着没有什么特别的东西要被知晓——的确感觉的整个想法就是一团烟雾（miasma）。可是，我认为，我们无须为盲人玛丽安的无能而困扰，正
216 如我们无须为失语的王尔德的无能而困扰一样。（让我们假设）王尔德无法讲某一类特定的笑话。那是王尔德的悲剧。玛丽安无法说出一种特

定的情态模态。那是玛丽安的悲剧。

我的理论与任何已提出理论的不同之处在于，它使感觉的感受等价于主体采取的行动。根据这个理论，“感受”是一种“行动”。即使一个人真的在原则上可以学习一切去了解外部世界，因此获得客观上可知的一切东西的知识，那么如果存在对一个个体所能做事情的限制，因此存在对他或她主观上所感受到的事情的限制，并不会让人感到惊讶。

217

28 水与酒

我在序言中曾警告过对意识问题的解答可能会简单得让人无趣。现在谈到它，我认为这个警告是不必要的。有意识感受——它已经出现了——是一种显著的意向行为。感受进入意识，不是作为发生在我们身上的事件，而是作为我们自己造成的活动，并且感受参与了返回自己从而创造出主观当下的厚重时刻（thick moment）的这些不积极的活动（inactivities）。

所给出的解决方案并不无聊，当然也绝不是直截了当的。即便如此，也注定会有一些批评者（科林·麦金肯定是其中之一）会觉得这个方案令人失望，因为它是机械的而且没有什么神秘感——缺乏某个“他们不知道的东西”（ils ne savent quoi）。“这就是全部吗？”他们可能会反对。“似乎我们最终拥有的一切就是脑物理回路中循环流动的一系列神经冲动或一串信息：而无论其血统是什么，无论它的逻辑和心理学的凭证（credentials）多么好——这似乎都没有好到足以能为意识的所有荣耀奠定基础。如果你愿意，可将其称为一种特殊的‘作为’（doing），称为再循环的感官活动的‘作者’。还是那个问题，这就是全部吗？意识就是那样的吗？”

科林·麦金写道：“这里的困难属于原则性的困难。我们无法理解意识如何能从像计算设备这样无意识的元素中产生；所以这些设备的属性不可能解释意识如何产生或意识是什么。”[130] 但不单麦金如此。我在书的开始部分引用了雷·杰肯道夫的话：“我发现，将有意识体验说成 218
是一股信息流与将它说成是一组神经发放一样是不相干的。”并且同样的担心广泛存在于其他的证据中。例如，托马斯·内格尔写道：“我们现在完全不知道单个事件或事物如何既拥有生理学属性也拥有现象学属性，或者若的确如此，这两种属性又是如何相联系的。”[131] 或者如罗伯特·范·古利克（Robert van Gulick）所说：“我们目前完全没有任何理论——功能主义的理论或其他理论——能够解释物理系统如何具有现象生命。”[132] 或者如托马斯·赫胥黎（T. H. Huxley）所说的：“作为意识状态的如此非凡的东西是如何由因刺激而兴奋的（irritating）神经组织产生的，这就像阿拉丁擦亮神灯后吉恩（Djin）的出现一样不可思议。”[133]

我承认，在这一点上仍然有存在焦虑的理由。可是我认为它们不再像那些人所建议的那么严重。事实上我怀疑他们持续的意气消沉至少部分受之前状况的影响，那时“市面上的”意识理论还没有一个接近我们现有的意识理论。

“这就是全部吗？”人类的颅骨就只是一块碳酸钙吗？磨粉机就只是杠杆、齿轮和轮子吗？哈姆雷特的身体就只是尘埃的第五元素（quintessence）吗？水就只是氢元素和氧元素吗？氢原子就只是仅有一个电子绕着转的质子吗？电子就只是一个波函数、一个数学的抽象吗？对生命之谜、宇宙之谜以及所有的迷的回答就只是 42 这个数字吗？

但凡对像这样问题的预期回答几乎肯定都是“不”：或许讨论中的事物事实上无论是什么都已经被规定了，但不仅仅是那样——那不是全部，并非只不过如此。

世界上当然没有任何东西最终并且完全“刚好”是我们已选择的将它描述为的那样——理由很简单，因为世界上没有什么东西不能从另一个角度被重新描述，如果我们选择其他方面。即便是数字 42 也可以，如果我们选择重新描述它——从许多其他方面考虑，它恰好是 7 和 6 的乘积，是我一个姐姐的年龄，从伦敦到剑桥的英里数，以及最小的魔方中的神奇常量［更不用说在路易斯·卡罗尔作品中的频繁亮相——
219 比如，《仙境法典》第 42 条（Rule forty-two of the wonderland legal code）："所有身高超过 1 英里的人要退出法庭"］。

最终关键之处是提问者与回答者应该有相同的视角、相同的议程，并且对相同的事情感兴趣。当问题是"什么是颅骨"的时候，人类学家将不会满足于能够满足一位化学家的答案。当问题是"存在的目的是什么"的时候，神秘主义者想要的回答不同于公交车驾驶员。相对于生命之谜、宇宙之谜以及万物之谜，宇宙学家对从伦敦到剑桥的英里数的建议根本不感兴趣，他可能更欣然接受的回答是一个魔方的神奇常量的建议。

鉴于各种各样的人曾经、现在以及将来会因不同的原因问"意识是什么"这个问题，因此毫无疑问有各种各样的答案可能会被证明或多或少是有说服力的或适宜的。我的回答可能的确没有完全回答其他人的问题。

尽管如此，我们也不应该那么容易地让步于那些断言"这就是全部吗"的批评者。在发展意识作为感官活动的理论的过程中，我明确支持这个问题意味着什么的一个独特立场，并且提出了一个答案是什么的相应观点。既然我已经明确了我的观点，因此我也希望批评者能明确表示他们的观点。如果这个回答对他们而言不够好，他们想要的是什么？并且，无论他们想要的是什么或者认为他们想要的是什么，他们确定真的还没有得到它，没有认识到它吗？

正如我所说的，这种对意识理论的不充分的抱怨在有一定倾向的哲学家中已经成为习以为常的事，以至于有这样一种危险，即他们将会不断地问“这就是全部吗”，即便当他们不再有任何实质可抱怨的东西时也是如此。在契诃夫的剧本《三姐妹》（*The Three Sisters*）中，女主角全剧都在叹息要是她们能够去莫斯科该有多美好，而事实却是她们口袋里要有足够的钱，只要她们乐意，随时可以乘火车去莫斯科。

让我们再次回到我一开始所引用的麦金的陈述。“我们感到，物质 220
脑之水以某种方式转化为意识之酒。然而对这种转变的本性我们却一无所知。神经传递似乎不是将意识带到这个世界的一种恰当的物质……心－身问题就是理解这个奇迹是如何发生的问题。”

这听起来——麦金当然打算让它听起来——像是一个不可能的任务。可是我们到了这里。我们现在完全是在与物质脑的自然糖浆（为什么称之为水呢）打交道，我们已经全面了解了看起来非常像葡萄酒酿制过程的发酵过程。即使产品缺乏高度酒的提纯，但它依然是一种令人印象相当深刻的低度酒。产地和年份当然是值得尊敬的（一种葡萄酒的酿造，可以回溯到几亿年前）。这个成品有许多成分，一个正向和负向情感的精细平衡，一个品质丰富的色彩，一个主体性的强烈暗示，一个意向性的余韵，甚至还有对潜在的客观现象学的联想。此外，作为哲学主菜的一个佐料，它有异乎寻常的顺应性和响应性，补充了一系列既传统又新奇的菜肴——他心派（other-mind pie）、蝙蝠汤、腌制图灵机（pickled Turing）、机器人的油焖肉块，并没有如此令人陶醉以至于使人说出一些会让人后悔的事情。

如果麦金还是不想承认这是意识的酒，让他自己尝一下然后说缺了什么。

我承认我有时候也会遭受“这就是全部吗”的不适，并且过去也想过投入麦金的阵营，因为担心还有什么是其他意识理论应该做的。但，就像是一个疾病，一旦摆脱掉它，就似乎已经完全属于另一个人，这些忧虑不再像我的问题。的确，尽管还有很多细节问题需要解决，但现在我要说，神经传递对我而言似乎正是将意识带到这个世界的一种恰当的物质。并且，如果我对某个东西留下了完全的空白，那么与其问这种转变如何发生，倒不如一开始就问究竟是什么使得它看起来像一个不可能的奇迹。

可是，我撒了谎。因为我能猜到这个问题还可能是什么。因为它所有的特点，我所发展的这个理论本质上是“同一性”理论的一个版本，
221 而且在这一点上，是“功能主义的”同一性理论。并且还可能认为，它在形而上学层面不比这种类型的任何其他理论更完备。

同一性理论——大意是说 X 是 Y——主张，由这个同一性的一个术语 X 所描述的任何东西完全等同于另一个术语 Y 所描述的任何东西——不是说两个术语本身是相同的描述（除了一些微不足道的情形，当然它们不是相同的），但它们标出或选出的是世界上相同的东西。此外，功能主义的同一性理论主张，这个同一性的术语之一可以被纯粹地描述为一个（将原因与结果或输入与输出联系起来的）逻辑操作，而无需顾及引起这个操作的物质结构。

因此，当我们认为意识是作为回响的大脑情态的创造者的活动，我们说的不仅是“意识”这个术语所指的东西完全等同于“作为回响的大脑情态的创造者”这个术语所指的东西，而且是后一个术语被认为是一个独立于神经或其他结构所涉及东西的逻辑操作。

现在，尽管我主张，这个意识理论没有罹患之前明显犯过错误的功能主义理论的表面瑕疵，但它可能仍然会被认为未能做出完整的解释。因为无论在确立同一性的术语方面它多么成功，它都没有解释这个同一性的底层原因。也就是说，不管它在科学水平上多么成功地回答了“脑的何种形式的操作等同于意识”，它还是没有解决“为什么这种操作等同于意识”这个更深层的问题。

后一个问题可能听起来像一个典型的愚蠢问题。但我承认它实际上并不愚蠢。因为，正如索尔·克里普克（Saul Kripke）特别坚持地认为的[134]，即可能有两种同一性，其中一个比另一个更受质疑。

一方面，存在那些必然同一性（necessary identities），它们说到底是同语反复为真的同一性，并且在所有可能世界的所有可能环境中必定为真的同一性。例如，数字 42 是数字 7 和 6 的乘积；乙醇是你通过分解糖得到的东西；单色黄光的电磁波的波长是 580 纳米；平行线就是同向延伸的线；1 美元值 100 美分。在所有这些例子中，只要我们理解 222
它们，那么否认这两个术语指称了相同的东西就是矛盾的。那并不意味着每个人都要马上认识到这种同一性，或者我们不需要证明情况就是如此。然而，只要已经证明了它，那么我们就已经解释了它，而问这个进一步的“为什么”确实是愚蠢的。

另一方面，存在那些偶然的同一性（contingent identities），它们仅仅碰巧是真的，因为在我们所居住的世界中事情是以那种方式安排的，而在所有可能世界或所有可能环境中，它们没有必要也是真的。例如，42 是载我回家的公交车的数字（但如果我碰巧住在巴黎就不是）；乙醇是葡萄腐烂后的产物（但如果环境太冷就不是）；当黄光到达眼睛时人们看到的颜色是红光和绿光的混合物到达眼睛时他们看到的颜色（但如果他们没有三色颜色视觉就不是）；平行线是永远不相交的线（但如果你正在球面上搞几何学就不是）；1 美元价值 8 卢布（但如果在黑市上就不是）。在所有后面的这些例子中，这两个术语碰巧选择了一个特定世界中的相同东西，但否认在一些其他世界中也一定如此肯定没有矛盾。因此即使当我们发现了这个同一性，我们也可能没有完全解释它，因此问这个进一步的“为什么”问题可能并不愚蠢——即，为什么它在一个世界中成立而在另一个世界中不成立。

现在，在意识的例子中，我们所处理的是哪种同一性呢？当我们说意识就是回响的大脑情态的创造者的活动时，这是一种在所有可想象的地方都成立的同一性吗——例如，在我们认可了这些疼痛情绪时，正做着我们在做的事情的任何可能世界中的任何人，也会有意识地感受到与我们一样的疼痛吗？还是它是一种只在一个受限的世界中或一组受限的世界中才成立的同一性，以至于在另一个星球或在另一个宇宙中的生物能够表达功能上相同的疼痛情绪但却根本没有感受到疼痛吗？如果同一性是偶然的而不是必然的，那么与它在其中不能成立的世界相比，它在其中成立的世界有什么特别不同的吗？是上帝或自然的什么怪癖使得它
223 在一种情况下如此而在另一种情况下并不如此呢？

过去人们确实已经准备接受，意识只在非常特殊的情况下才伴随脑事件。笛卡尔尤其主张，这种同一性适用于人脑但不适用于任何其他动物的脑，并且相信这个“为什么”的理由不是别的而正是上帝安排它如此。可是，即使现在很少有哲学家主张这种偶然性，而绝大多数人承认这个同一性——如果确实成立——在极为广泛的程度上是成立的，但仍有相当多的人坚持：这并不意味着它普遍成立，并且很可能涉及某种未知的（或者甚至是不可知的）偶然性。因为他们在自身中根本无法发现这个同一性，从而保证特定意识感觉必然等同于特定脑状态的情形：例如，某人是回响的疼痛情态的创造者但他却没有感受到一种疼痛的感觉——这在逻辑上根本不可能。并且他们的理由是（至少这是索尔·克里普克的理由），他们能够，或者据称他们能够，完美地想象一个世界——它可能不是我们的世界，但那又如何——在这个世界中，完全相同的功能状态可以存在于一个事实上没有意识到疼痛的人身上。既然不能否认一个想象的世界是一个可能的世界，因此这当然足以支撑反对必然性的论证。

我肯定会同意，如果人们关于他们能够想象一个我们一直在讨论的这个同一性在其中并不成立的世界是正确的，那么追问为什么它在我们的世界中成立的问题就的确既合理又重要了。正如，如果有人关于他们能够想象一个 42 在其中不等于 7 乘以 6 的世界是正确的，那么追问为什么在这个特定的世界中“42 等于 7 乘以 6”就的确既合理又重要。但问题是，无论在哪种情况下，他们认为他们能够想象这样的世界是正确的吗？

在 42 等于 7 乘以 6 的例子中，会存在很强的理由说他们可能不正确。诚然没有什么可以阻止人们试图想象任何他们喜欢的东西。他们可能甚至发现想象 42 不等于 7 乘以 6 是一项有用的精神练习……或者死后存在生命，或者他们能够听到一只手拍出的声音，或者他们的头脑是由芥末构成的。但尝试是一回事而成功又是另一回事。并且，如果有人声称他们实际上正在想象 42 不等于 7 乘以 6，那么我们也不该太在意。 224
或许，宽厚一点，我们可能假设他们或因为错觉犯了一个诚实的错误；或者不那么宽厚，认为他们根本就不知道他们在谈论什么。因为 42 等于 7 乘以 6 的确是一个必然的同一性。并且虽然有人或许能够想象某个表面上相似的同一性不再成立，他们无法想象这个不成立。

那么，我们应该对这样的人——他声称他们能够想象一种生物是回响的疼痛情态的创造者但却没有感受到疼痛——留有更为深刻的印象吗？我倾向于认为这些例子恰恰是平行的，并且是因为相同的原因。如果有人确实声称能想象一个在其中这种关系不成立的世界，我们应该断定要么他在犯错误要么他未能领会这个理论。并且，虽然有人也许能够想象某个同一性理论不成立的其他版本，但他们无法想象这个理论不成立。因为我怀疑，这个特定同一性实际上是一个必然的同一性。

诚然，克里普克得到的正好是相反的结论。不过对克里普克而言，我们之间的差别是，支持一个同一性理论的任何论证意图表明“这些我们认为我们能够想象的事物事实上并不是我们能够想象的事物……（任何这样一个论证）会比我能彻底了解的论证更深也更精微，同时也比出现在我曾经读过的任何物质主义文献中的论证更精微”。尽管我不愿意说，但我们之间的差别很可能是，对最后 10 章而言克里普克未能与我们同在。

麻烦的问题是水已经被坏理论搅得相当浑了——相关的理论声称同一性甚至在我们实际生活的世界中也不成立，更不用说在所有可能世界中了。

最近我偶尔在1929年版的《大不列颠百科全书》(*Encyclopaedia Britannica*)[135]中查了那篇论“魔术”(Conjuring)的文章，并且偶然在“意识”下面发现如下词条：“一个理论认为物理身体的每个原子都拥有一个内在的意识属性……另一个理论认为，在脑中存在一些特殊的神经细胞，无论它们何时被激活都能生产意识……心灵子(psychonic)理论［该词条的作者W. M. 马斯顿(W. M. Marston)显然支持这个理
225 论］认为，每当单个神经之间的联结组织被激励(energized)，意识便会出现。联接组织的单元可以被称为心灵子(psychons)，而每一个心灵子脉冲都被视为一个单一的物理意识的单元。这个理论现在处于实验研究中。”

历史并不揭示这个非凡理论的实验研究会遭遇什么。但如果一位哲学家现在将这个心灵子理论当作他的模型，并且坚持他能够完美地想象一个世界，在这个世界里心灵子脉冲(例如)能够出现在在龙虾的尾巴上但意识却没有出现，那么我将是最后一个抗拒这个理论的人。实际上，虽然有一百个实验研究结果，我还是无法想象一个该理论真的在其中成立的世界。

但这并不是我一直在提议的那个理论。并且我确实抗拒的是，任何理解我理论的人能够想象这个理论不是普遍成立的。

心灵子理论的麻烦在于，关于它完全没有什么是正确的，而且它完全弹不出任何一种和弦。(我认为)对这个理论的驱动没有考虑到在现象学或语言或行为水平上意识体验实际上相当于什么，因此，当提到体验时，这个理论无法将体验重新放回来。相比之下，我们的理论是以意识的显著属性开始的，并将它们系统地纳入这个同一性中，它因此能够并且——当需要的时候——确实重新将体验放回去。

这个结果是：想象一个在任何时间任何地点的生物，当我们招待(play host to)回响的疼痛情态时，它做了我们所做的事情——也就是，想象这个生物是感官活动的创造者，并且生活在sentition的这个延展的当下——恰如(如果我们是成功的)去想象这个生物意识到一个疼痛的

感觉。等式的身体一侧没有留下意识一侧指派的任何未被指派的东西，反之亦然。

但这就是全部吗？我不知道还要说什么。亨利·梭罗（Henry Thoreau）说："一个诗人生命的艺术，就在于说一些事情而不要什么都不说。"但如果你不是一位诗人，更明智的做法就是停下来。

226 # 29 存在与虚无

我煞尾了，但我停在如此悲观的论调上以至于无法结束这样一段非凡历史。

正如我说它将是的那样，“一个心智的历史”仅仅是构成心智之物一部分的历史。尽管如此，它一直是过去 40 亿年动物的心智如何完全改造它们所居住宇宙的状态的历史。

让我用一个异常事件的故事（即一片照到我们行星表面的阳光）来作结尾。

很久很久以前，在任何生命出现在地球上之前，来自傍晚太阳的光线落在海边一片浅浅的岩石水塘的表面，阳光穿过水面，并被塘底的鹅卵石吸收。与其他所有自然界中的物质一样，鹅卵石没有生命。因此日落是对着一个缺乏意义的世界，在这里根本没有为任何人而存在的任何东西。

生命开始在这些小水塘中演化，很快水塘里就充满了自利的（self-interested）微小有机体。在这个相同的岩石水塘中开始有浮游生物居住，它们以水面附近的残渣为食。现在，当阳光再落到这个水塘时，它有很小的一部分被这种原生动物的边界吸收。但与鹅卵石不同，这种原生动

物对光敏感。在中午，它们处于被紫外线伤害的危险中，所以它们蠕动
着走开；但当太阳落山的时候，它们就可以安全地浮回水面了。通过它 227
的行动，这种原生动物将阳光表征为一个“对我”有意义的事件。

演化继续进行，一条鱼也开始栖息在同一个池塘里。鱼藏身在水草丛中，要捕食的时候才会从这一黑暗的环境中出来。光对于鱼也有影响，鱼的最佳生存环境是水草结束和清水开始的地方。鱼仍保留着对光敏感的皮肤，并且通过比较身体不同部位的刺激，它能够调节自己的位置来保持尾部处于暗处，头部处于亮处。但鱼还发展出了能成像的眼睛，并利用视网膜上的图像发展出了一种新的视觉能力——图像不仅被解读为光来自何处的方向上的证据，而且也被解读为“外界”正在发生什么的信号。如果鱼曾经抬头望过天空，它甚至还可能感知到池塘之上一个闪烁的红盘；但风正在吹，涟漪让这个遥远的世界变得难以看清。

在这个岩石池塘曾经存在的地方旁边，矗立起了剑桥这座城市，而我就住在这座城市里。此刻从窗口望出去，我能看到太阳从西边的地平线落下。依照祖先的传统，此刻我正将到达我视网膜的光线既表征为发生在我身上的一个圆形红斑，也将它表征为存在于外界的银河系中的一个火球。但在演化过程中还有一些别的事情随之发生：一个似乎是奇迹的意识出现了。现在我正处于这样一种“我”存在的感觉的现在时态中。我正在将我自己对太阳图像的反应封装为一种“我”是其作者的活动。可以说，我已用物理时间的细绳绕成环，套住了太阳，并且将它暂时地收归于我。

评估我们应该赋予这种对宇宙转换成什么样的绝对价值，或我们应该多大程度上赞扬它的某些方面优于其他方面，这些都不是我在乎的事情。托马斯·格雷（Thomas Gray），在他的《哀歌》(Elegy）中说，在这里哲学家可能要明智地谨言慎行：

世上有多少纯净明亮的玉石，
在深不可测的幽幽海底淹没；
多少花儿吐露芳艳却无人知，
只把清香白白地浪费在沙漠。[136]

228 但并不仅是格雷这样的感伤主义者才会把一个未被一个心智表征而凋敝的世界看作是一个命运未得到满足的悲哀世界。如果问题是："谁在说'浪费'是什么"我认为我们都知道。

确实任何种类的心智活动（minding）在存在上都是有意义的事件。避开光线的阿米巴虫、吞食苍蝇的青蛙、睡觉时瞳孔会收缩的男人、伸手去抓一个球的盲视患者——都在做一些赋予这个世界些许意义的事，否则世界就没有意义了。

可是最后，正是有意识的心智活动添加了语义深度的新维度。因为正是意识（它具有使转瞬即逝的物理时间延存为感觉的感受时刻的力量）使得成为我们自己像的东西，并因此使得这个为我们（FOR US）而存在的外部世界变得甜美和丰富。

这是一个貌似的奇迹吗？不，这是一个与曾发生过的任何事情一样接近的真实奇迹。让人感到别扭的是，这个奇迹只需要一个相对简单的科学理论就能解释。

注释

[1] Nicholas Humphrey, *Consciousness Regained* (Oxford: Oxford University Press, 1983).

[2] Nicholas Humphrey, *The Inner Eye* (London: Faber and Faber, 1986).

[3] William Calvin, *The Cerebral Symphony* (New York: Bantam Books, 1990), p. 3.

[4] Roger Penrose, *The Emperor's New Mind* (Oxford: Oxford University Press, 1989), p. 412.

[5] Douglas Adams, The Hitchhiker's Guide to the Galaxy (London: Pan Books, 1978).

[6] Samuel Coleridge (1801), quoted by Richard Holmes, Coleridge (London: Hodder and Stoughton, 1989), p. 300.

[7] John Bunyan (1678), *The Pilgrim's Progress*, part 2 (London: Collins, 1910).

[8] William Drummond of Hawthornden (1623), The Cypresse Grove, quoted by John Hadfield, A Book of Beauty (London: Edward Hulton, 1952), p. 183.

[9] Duncan MacDougall (1907), quoted by James E. Alcock, Parapsychology: Science or Magic? (Oxford: Pergamon, 1981), p. 11.

[10] René Descartes (1641), Meditations on First Philosophy, Second Meditation, 24, trans. John Cottingham (Cambridge: Cambridge University Press, 1986).

[11] Samuel Johnson (1759), The History of Rasselas, Prince of Abyssinia, ed. J.P. Hardy (Oxford: Oxford University Press, 1988).

[12] Colin McGinn, "Can We Solve the Mind-Body Problem?," *Mind* 98 (1989), 349-66.

[13] Gottfried Leibniz (1714), Monadology, section 17, quoted by C.L. Hardin, Color for Philosophers (Indianapolis: Hackett, 1988), p. 134.

[14] William Lycan, *Consciousness* (Cambridge, Massachusetts: MIT Press, 1987), p. 37.

[15] Colin McGinn, "Could a Machine Be Conscious?," in Mindwaves, ed. Colin Blakemore and Susan Greenfield, (Oxford: Blackwell, 1987), p. 287.

[16] Ray Jackendoff, Consciousness and the Computational Mind (Cambridge, Massachusetts: MIT Press, 1987), p. 18.

[17] T.S. Eliot (1917), "The Love Song of J. Alfred Prufrock," Collected Poems 1909-1962 (London: Faber and Faber, 1974).

[18] Plato, *The Republic*, Book 8, 546, trans. H.P.D. Lee (Harmondsworth: Penguin, 1955).

[19] Thomas Nagel, "What Is It Like to Be a Bat?," *Philosophical Review* 82 (1974).

[20] In *The Mind's I*, French translation, *Vues de l'Esprit*, ed. D. Hofstadter and D.C. Dennett (Paris: InterEditions, 1985).
[21] George Eliot, Journal, 20th July 1856, in George Eliot's Life as Related in Her Letters and Journals, ed. J.W. Croft (Edinburgh, 1885).
[22] George Eliot (1871), *The Mill on the Floss* (London: Folio Society, 1986), p. 9.
[23] Stephen J. Gould, in conversation with Colin Tudge, BBC Radio 3, The Listener, September 20, 1984, p. 19.
[24] John Crook, "The Nature of Conscious Awareness," in Mindwaves, ed. Blakemore and Greenfield, p. 392.
[25] Kathleen V. Wilkes, "—, Yishi, Duh, Urn, and Consciousness," in Consciousness in Contemporary Science, ed. A.J. Marçel and E. Bisiach (Oxford: Clarendon Press, 1988), p. 38.
[26] Anthony J. Marcel, "Phenomenal Experience and Functionalism," in ibid., p. 121.
[27] Alan Allport, "What Concept of Consciousness?," in ibid., p. 159.
[28] William James, "Does 'Consciousness' Exist?," *Journal of Philosophy, Psychology and Scientific Method* I (1904).
[29] Schoolboy (sixth grader) quoted in *The Boston Globe*, January 25, 1988.
[30] Maurice Burton, "The Loch Ness Monster: A Reappraisal," New Scientist (1960), 773-75.
[31] Peter Scott, cited in "Naming the Loch Ness Monster," Nature 258 (1975), 466-68.
[32] Pablo Picasso, quoted in Aesthetics in the Modern World, ed. Harold Osborne (London: Thames and Hudson, 1968), p. 24.
[33] Thomas Reid (1785), Essays on the Intellectual Powers of Man, Essay 2, 17, (Cambridge, Massachusetts: MIT Press, 1969).
[34] Ernest G. Schachtel, *Metamorphosis* (London: Routledge and Kegan Paul, 1963), p. 83.
[35] E.D. Starbuck, "The Intimate Senses as Sources of Wisdom," *Journal of Religion* 1 (1921), 129-45.
[36] Thomas Reid, *Essays on the Intellectual Powers of Man*, Essay 2, 16.
[37] Ibid.
[38] William Drummond of Hawthornden (1623), *The Cypresse Grove*, p. 183.
[39] Sigmund Freud (1905), "Three Contributions to the Theory of Sex," *Basic Writings* (New York: Random House, 1938), p. 605.
[40] George Byron (1810), quoted by M. Csaky, How Does It Feel? (London: Thames and Hudson, 1979).
[41] Hardin, *Color for Philosophers*.
[42] Ludwig Wittgenstein, *Philosophical Investigations*, 2, 11, trans. G.E.M. Anscombe (Oxford: Blackwell, 1958).
[43] Maurice Bowra, *Memories* (Oxford: Oxford University Press, 1967).
[44] Andrew Marvell (1681), "The Garden," in *The Metaphysical Poets*, ed. Helen Gardner (Harmondsworth: Penguin, 1957).
[45] Wassily Kandinsky, quoted in *How Does It Feel?*, ed. Csaky.
[46] See reviews in Patrick Trevor-Roper, *The World Through Blunted Sight* (London: Thames and Hudson, 1970): and in Tom Porter and Byron Mikellides, eds., *Colour for Architecture* (London: Studio Vista, 1976).
[47] Porter and Mikellides, *Colour for Architecture*.
[48] Kurt Goldstein, "Some Experimental Observations Concerning the Influence of Colors on the

Function of the Organism," *Occupational Therapy* 21 (1942), 147- 51.
[49] L. Halpern, "Additional Contributions to the Sensorimotor Induction Syndrome in Unilateral Disequilibrium With Special Reference to the Effect of Colors," *Journal of Nervous and Mental Diseases* 123 (1956), 334-50.
[50] Manfred Clynes, *Sentics: The Touch of Emotions* (London: Souvenir Press, 1977).
[51] Samuel Coleridge (1808), *Anima Poetae,* reprinted in *The Poetry of Earth*, ed. E.D.H. Johnson (London: Gollancz, 1966), p. 128.
[52] William Wordsworth (1798), "Lines Composed a Few Miles Above Tintern Abbey," *Selected Poems of William Wordsworth*, ed. Roger Sharrock (London: Heinemann, 1958).
[53] Plato, *Timaeus*, 47B, in *Philosophies of Beauty*, trans. and ed. E.F. Carritt (Oxford: Clarendon Press, 1931).
[54] Giovanni Boccaccio (1358), *Decameron*, quoted by E.H. Gombrich, *Meditations on a Hobby Horse* (London: Phaidon Press, 1963), p. 17.
[55] Alain Erlande-Brandenburg, *La Dame à la Licorne* (Paris: Editions de la Réunion des Musées Nationaux, 1978).
[56] Wordsworth (1798), "The Tables Turned" and "Expostulation and Reply," in *Selected Poems*, Sharrock.
[57] John Constable, quoted by Michael Middleton in *Handbook of Western Painting* (London: Thames and Hudson, 1961).
[58] Immanuel Kant (1790), *The Critique of Judgement,* Book 1, 2, in *Philosophies of Beauty*, Carritt.
[59] Paul Cézanne, in conversation with J. Gasquet, quoted by Ernest G. Schactel in *Metamorphosis* (London: Routledge and Kegan Paul, 1963).
[60] Aldous Huxley, *The Doors of Perception* (New York: Harper and Row, 1954), pp. 25, 19, 20, 41.
[61] Quoted in S. Cohen, *Drugs of Hallucination: The Uses and Misuses of LSD* (London: Secker and Warburg, 1964), pp. 167-69.
[62] Nicholas Humphrey, "Interest and Pleasure: Two Determinants of a Monkey's Visual Preferences," *Perception* 1 (1972), 395-416.
[63] Nicholas Humphrey and Graham Keeble, "Do Monkeys' Subjective Clocks Run Faster in Red Light Than in Blue?," *Perception* 6 (1977), 7-14; "Effects of Red Light and Loud Noise on the Rate at Which Monkeys Sample Their Sensory Environment," *Perception* 7 (1978), 343-48.
[64] Nicholas Humphrey and Graham Keeble, "Interactive Effects of Unpleasant Light and Unpleasant Sound," *Nature* 253 (1975), 346-47.
[65] Roger Fry (1926), *Transformations*, chap. 1, in *Introductory Readings in Aesthetics*, ed. John Hospers (London: The Free Press, 1969).
[66] John Locke (1690), *An Essay Concerning Human Understanding*, Book 2, chap. 1. 5, ed. Peter H. Nidditch (Oxford: Clarendon Press, 1975).
[67] Bertrand Russell, *Introduction to Mathematical Philosophy* (London: Allen and Unwin, 1919), p. 71.
[68] Locke, *An Essay Concerning Human Understanding*, Book 2, chap. 32, 15.
[69] Wittgenstein, *Philosophical Investigations*, 1, 272.
[70] Wittgenstein, "Notes for Lectures on 'Private Experience' and 'Sense Data,' ed. Rush Rhees, *The Philosophical Review 77* (1968), 284.
[71] Denis Diderot (1754), *On the Interpretation of Nature*, 10, 23, in *Diderot: Selected Writings,* trans. J. Stewart and J. Kemp (London: Lawrence and Wishart, 1937).

[72] Lewis Carroll (1865), *Alice's Adventures in Wonderland,* chap. 5 (London: Chancellor Press, 1982).
[73] I. Kohler, cited by Ronald H. Forgus in *Perception* (New York: McGraw Hill, 1966).
[74] Robert B. Welch, *Perceptual Modification* (New York: Academic Press, 1978).
[75] Paul Bach-y-Rita, *Brain Mechanisms in Sensory Substitution* (London: Academic Press, 1972).
[76] Carroll, *Alice's Adventures in Wonderland*, chap. 6.
[77] Macdonald Critchley, *The Parietal Lobes* (London: Hafner, 1966), p. 289.
[78] J.M. Oxbury, Susan M. Oxbury, N.K. Humphrey, "Varieties of Colour Anomia," *Brain* 92 (1969), 847-60.
[79] Alcock, *Parapsychology: Science or Magic?*, p. 86.
[80] A.J. Marcel, "Conscious and Preconscious Perception: Experiments on Visual Masking and Word Recognition," *Cognitive Psychology* 15 (1983), 197- 237.
[81] M. Eagle, "The Effects of Subliminal Stimuli of Aggressive Content Upon Conscious Cognition," *Journal of Personality 27*, (1959), 578-600.
[82] Lawrence Weiskrantz, *Blindsight* (Oxford: Clarendon Press, 1986).
[83] Nicholas Humphrey, "Vision in a Monkey Without Striate Cortex: A Case Study," *Perception* 3, (1974), 241.
[84] Nicholas Humphrey, "Nature's Psychologists," British Association for the Advancement of Science Lister Lecture, 1977, reprinted in Humphrey, *Consciousness Regained.*
[85] Anthony J. Marcel, "Phenomenal Experience and Functionalism," in *Consciousness in Contemporary Science*, ed. Marcel and Bisiach, pp. 121-58.
[86] Locke, *An Essay Concerning Human Understanding*, Book 4, chap. 2, 1.
[87] William Shakespeare (1595), *Richard II*, 1, 3.
[88] Frank G. Burgess, "The Purple Cow," in *Everyman's Dictionary of Quotations and Proverbs* (London: Dent, 1951).
[89] Cited by Marcus Raichle, "Images of the Functioning Human Brain," in *Images and Understanding*, ed. H. Barlow, C. Blakemore, M. Weston-Smith (Cambridge: Cambridge University Press, 1990), pp. 284-96.
[90] William Shakespeare (1605), *Macbeth*, 2, 1.
[91] Samuel Coleridge (1803), Letter quoted by Richard Holmes, *Coleridge: Early Visions* (London: Hodder and Stoughton, 1989), p. 354.
[92] Oliver Sacks, *The Man Who Mistook His Wife for a Hat* (London: Duckworth, 1985).
[93] Critchley, *The Parietal Lobes.*
[94] Nicholas Humphrey, "Contrast Illusions in Perspective," *Nature* 232 (1970), 91-93.
[95] Robert H. Thouless, "Phenomenal Regression to the Real Object, II," *British Journal of Psychology* 22, (1931), 1-30.
[96] John Donne (1619), "A Hymn to Christ, at the Authors Last Going Into Germany," *Donne: Poetical Works*, ed. Herbert Grierson, (London: Oxford University Press, 1937).
[97] Lewis Carroll (1889), *Sylvie and Bruno*, chaps. 5-7 (London: Chancellor Press, 1983).
[98] Martha J. Farah, "Is Visual Imagery Really Visual? Overlooked Evidence From Neuropsychology," *Psychological Review* 95 (1988), 307-17.
[99] Consciousness workshop convened by Daniel Dennett, Bellagio, May 1990.
[100] Aldous Huxley (1936), unpublished speech, quoted in Nicholas Humphrey and Robert Jay Lifton, eds., *In a Dark Time* (London: Faber and Faber, 1984).

[101] See for example my discussion in Nicholas Humphrey and G.R. Keeble, "How Monkeys Acquire a New Way of Seeing," *Perception* 5 (1976), 51-56.
[102] Samuel Johnson (1776), cited by James Boswell, *Life of Johnson*, vol. 3 (London: Everyman, 1925).
[103] Locke, *An Essay Concerning Human Understanding*, Book 3, chap 9, 9.
[104] Stuart Sutherland, review of *Consciousness Regained, Nature* 307 (1984), 391.
[105] Milan Kundera, *Immortality* (London: Faber and Faber, 1991), p. 225.
[106] Thomas Traherne (1670), *Centuries of Meditation*, Century 3, 3 (London: Dent, 1908).
[107] Jean-Jacques Rousseau (1754), *A Discourse on Inequality*, trans. Maurice Cranston (Harmondsworth: Penguin, 1984), p. 109.
[108] Ray Jackendoff, "Is There a Faculty of Social Cognition?," unpublished manuscript, 1989.
[109] Nicholas Humphrey (1975), "The Social Function of Intellect," reprinted in Humphrey, *Consciousness Regained.*
[110] Daniel Stern, *The Interpersonal World of the Infant* (New York: Basic Books, 1985), p. 78.
[111] Eduardo Bisiach and Giuliano Geminiani, "Anosognosia Related to Hemiplegia and Hemianopia," in *Awareness of Deficit After Brain Injury*, G.P. Prigatano and D.L. Schacter, eds. (New York: Oxford University Press, 1990).
[112] Eduardo Bisiach, "Language Without Thought," in *Thought Without Language*, L. Weiskrantz, ed. (Oxford: Clarendon Press, 1988), pp. 464-91.
[113] William Shakespeare (1605), *Othello*, 3, 324.
[114] Gerard Manley Hopkins, *The Starlight Night* (1918).
[115] Wilfred Sellars, *Science, Perception and Reality* (London: Routledge and Kegan Paul, 1963).
[116] Edward Titchener (1896), quoted by E.G. Boring, *Sensation and Perception in the History of Experimental Psychology* (New York: Appleton-Century-Crofts, 1942), p. 10.
[117] D.J. McFarland, *The Encyclopedic Dictionary of Psychology*, ed. Rom Harré and Roger Lamb (Oxford: Blackwell, 1983), p. 448.
[118] William Blake (1810), *A Vision of the Last Judgement*, Descriptive Catalogue, in *The Complete Writings of William Blake,* ed. Geoffrey Keynes (Oxford: Oxford University Press, 1957).
[119] William Blake (1818), *The Everlasting Gospel,* d, 1, 103., in ibid.
[120] Ronald Melzack, *The Puzzle of Pain* (Harmondsworth: Penguin, 1973), p. 50.
[121] Ambroise Paré (1552), quoted in ibid., p. 50.
[122] Cited by J.M. Heaton, *The Eye: Phenomenology and Psychology of Function and Disorder* (London: Tavistock Publications, 1968), p. 184.
[123] T.S. Eliot (1936), "Burnt Norton," *Four Quartets* (London: Faber and Faber, 1946).
[124] Daniel Dennett and Marcel Kinsbourne, "Time and the Observer: The Where and When of Consciousness in the Brain," *Brain and Behavioral Sciences* (forthcoming).
[125] Ronald Melzack and Howard Eisenberg, "Skin Sensory Afterglows," *Science* 159 (1968), 445-47.
[126] Kundera, *Immortality*, p. 225.
[127] Philip Steadman, *The Evolution of Designs* (Cambridge: Cambridge University Press, 1979), chap. 7.
[128] Alan Turing's original paper, "Computing Machinery and Intelligence" (1950), together with some of the discussion it has spawned, such as John Searle's "Mind, Brains, and Programs" (1980), are reprinted in *The Mind's I*, ed. Douglas R. Hofstadter and Daniel C. Dennett (London: Harvester Press, 1981).

[129] Frank Jackson, "What Mary Didn't Know," *Journal of Philosophy* 83 (1986).
[130] Colin McGinn, "Could a Machine be Conscious?," in *Mindwaves*, ed. Blakemore and Greenfield, p. 287.
[131] Thomas Nagel, *The View From Nowhere* (New York: Oxford University Press, 1986), p. 47.
[132] Robert van Gulick, "A Functionalist Plea for Self-Consciousness," *The Philosophical Review* 97 (1988), 149-81.
[133] Thomas H. Huxley, *Lessons in Elementary Physiology,* 8 (1866), 210.
[134] Saul Kripke, "Identity and Necessity," in *Identity and Individuation*, ed. M. Munitz (New York: New York University Press, 1971).
[135] *Encyclopaedia Britannica*, 14th ed. 1929.
[136] Thomas Gray (1750), "Elegy Written in a Country Churchyard," in *The New Oxford Book of English Verse*, ed. Helen Gardner (Oxford: Oxford University Press, 1972).

索引 *

A

B

* 索引页码为原书页码，即本书边码。——编者注

M

N

P

T

译后记

熊十力说："伟哉，宇宙万象。幽深莫妙于精神，著明莫盛于物质。"[1]即使在科学勃兴如斯的当代，意识现象依然幽深莫妙，它与物质的关系在各派各家的理论中依然莫衷一是。境况之所以如此，在于当代意识科学面临的挑战是双重的：既要说明意识现象的机制，同时又必须说明心—身问题所蕴含的形而上学问题。意识科学的这个双重挑战是关联在一起的，避开或无视其中任何一个，意识的理论都是不完全的。

2000 年汉弗莱在《意识研究杂志》(*Journal of Consciousness Studies*) 第 7 卷第 4 期上发表一篇靶标文章"如何解决心—身问题"(How to Solve the Problem of Mind-Body)。这篇文章给出的解决心—身问题的思路的一个主要环节源于本书所提出的意识作为感觉或感受的演化理论。汉弗莱在这本书中试图借助他提出的感觉的演化模型在一个层面上同时解决意识科学面临的双重挑战。结合他的一些其他文章和著作，特别是"如何解决心—身问题"一文，我们在此大致介绍一下他的基本立场、意识观、论证路线和意识作为感觉的演化模型。

[1] 熊十力:《体用论》，上海书店出版社，2009，第 27 页。

一、基本立场

汉弗莱是一名自然主义者；但很难判定他是一名强物理主义者——还原论的物理主义者或取消主义的物理主义者，因为尽管他试图从物理主义的存在论立场推演出现象意识，但他承认存在两个描述层次，而意识理论就在于构建一个对脑状态与意识体验之间联接的说明。汉弗莱在其 2011 年出版的《灵魂之尘：意识的魔法》(*Soul Dust: The Magic of Consciousness*) 中重申了他作为科学家对待意识的自然主义立场："我的起点是，意识——从科学的观点无论多么费解和神秘——是一个自然的事实"；"我的理由就是作为所有科学基础的那个指导原则：如果没有物质原因，那么就不会出现任何有趣的事物。简言之，奇迹不会发生。当意识体验在一个人的心智中出现时，它是脑中事件的结果。而且，一旦这些事件（它们的总体）出现，结果也必然是这个人是有意识的（这就是为什么哲学 zombie 的观念是无意义的原因）。因此，如果一个科学家能够走进去观察这些关键事件，那么在原则上他应该能够推断结果是什么——只要他有一个联接脑状态与体验的理论，这个理论能够使他从一个描述层次转到另一个描述层次。"他提出，一个意识理论起码要满足两个要求：第一，这个理论必须满足基本的科学和逻辑的标准；第二，这个理论一定要描述脑的物理过程，并且在描述的适当水平上，该过程的属性应该对应于被感受到的感觉的属性。我认为，在汉弗莱那里，尽管这两个描述层次不存在彼此的还原或归约，但它们之间确实存在一种相应（correspondence）关系。正是在这个意义上，我认为他不是一名纯然的物理主义者。

然而，有一点很明确，汉弗莱不是一名泛心论者。与泛心论认为心智一开始就内在于宇宙最原始单元、并遍在于宇宙中的观点不同，汉弗莱认为在原始宇宙中不存在意识。在书中他明确地写道，其思想和论证的一个前提是："意识在宇宙中有一个时间和空间的范围，即历史上曾经有一个时期没有任何地方存在意识，并且即使在今天意识也不是随处存在的。”相似地，在另一处他又说：“在生命出现之前，让我们说四十亿年前吧，这时行星地球刚刚形成，大概根本不存在任何种类的心智。”这个前提显然不同于泛心论的立场，对此他写道：“另一个替代的观点认为，意识始终内在于每一个物质颗粒中，这有时被称为‘泛心论’，它是那些表面上具有吸引力的观点之一，但一旦要求它们做某些解释工作时，这种观点就会崩溃得一无是处。”

鉴于汉弗莱非泛心论的演化立场，我认为大体上可以将汉弗莱归入某种形式的物理主义涌现论（不过，不知道他是否同意这个归类），因为他认为，这个从无到有的过程——即从完全无感受的物质世界到有意识现象世界的出现——在不诉诸奇迹或魔法的情况下可以得到一个自然主义的解释。当然，对于像德昆西（Christian de Quincey）这类持泛心论或泛体验论主张[1]的人而言，汉弗莱想要实现这样一个基于物理主义的自然解释是不可能的。

二、 意识观

关于意识是什么，汉弗莱在《一个心智的历史：意识的起源和演化》（1992）中提出的观点与他之前两本书——《重获意识》（*Consciousness Regained*）（1983）和《内在之眼》（*The Inner Eye*）（1986）——中的观点明显不同。

在发表《重获意识》和《内在之眼》时，他认为人们或者对自己的心智状态有内省的知识，或者根本就没有意识。换言之，这种看法将意识等同于内省和自我反思。如果这种意识观是正确的，那么意识就是一个高水平能力，一种或许只在类人猿和人类身上才演化出的能

[1] 泛心论或少泛体验论的主张的核心是说：“心智根本不可能从完全没有感知能力的物质中涌现，更严格地说，主体性是从纯粹的客体性中涌现出来，这一点是无法想象的；如果世界始于完全客观的物质—能量，没有哪怕一丁点主体性痕迹，那么无从设想第一人称体验能从宇宙中出现。

力。当时，汉弗莱认为，意识作为这种高水平能力之所以演化出来是为了使人们能够读取自己和他人的心智内容，从而成为更好的“天生的心理学家”。很大程度上，意识作为内省或反思是一个被很多人接受的观念。然而，汉弗莱发现，这种意识观带来的结果之一是，人们不得不将一大批没有这种反思水平的动物、人类婴儿和其他更原始的有机体排除在有意识的生物群体之外。他认为，他无法接受意识的本质是反思这个观念，因为他无法说服自己接受：（比如说）一个处于疼痛的兔子或一个哭着找妈妈的婴儿不可能有意识是因为它们没有内省或反思能力。这导致汉弗莱的意识观发生了明显的转变。正如他在本书的序言中说的：“的确，在这里我完全忽略了我早先的立场，反而聚焦于作为原生感觉的意识。当一个朋友问 J. M. 凯恩斯（J. M. Keynes）为什么他这么乐于拒绝或推翻他之前的观点时，他回答道：‘当我认识到自己的错误时，你期待我还能做什么呢？’就我自己来说，我认为，在我早期的工作中，与其说是我错了，不如说是我考虑的层次太高而使根本的问题不曾解决。”

现在——在《一个心智的历史：意识的起源和演化》中——汉弗莱认为，意识不是一种二阶的心智能力（即关于感受的思想、关于思想的思想），而是一种原生的（raw）感觉或感受。根据这种观点（即意识作为原生感受），意识在更低的水平上也存在，没有反思也存在，正如一些原生体验：对光、冷、气味、味道、触摸、疼痛的原始感觉；这个现在时态的原生感受并不要求进一步的内省才能被确认——它当下即是，即成为我所像是的东西（that is what it's like to be me），或成为一只狗所像是的东西，或成为一个婴儿所像是的东西。

在完成那个转变之后，汉弗莱认为，意识最初本性不是基于反思的概念、判断、推理等，而是当下即是的原生感觉。由于汉弗莱坚持非泛心论的演化观，因此汉弗莱采取的思路是：分析感觉的生物演化机制，从而发现解决意识“难问题”的线索。关于这个思路，他在书中写道，站在现在的历史时刻，我们不可避免地“相遇”两组事实——一方面是主观体验现象，另一方面是物质世界现象，而这两类现象似乎又完全没有交集；但如果从更长的演化视角来看，主观体验的左手是物质世界的右手的特定的自组织构型和过程的产物。如果是那样，那么意识问题的解决则在于追溯它在自然演化中的路径。

三、论证路线

在“如何解决心 - 身问题”一文中，汉弗莱给出的论证路线如下：

假定 人类心智状态的每一实例均等同于某个脑状态，心智状态 m= 脑状态 b

证据 各种脑影像的实验证据表明，当一个人感到疼痛时，某一小块脑区就激活了，当他想到一个视觉意象（image）时，另一小块脑区就激活了，当他试图记住这天是星期几时，有不同一小块脑区就激活了，如此等等。因此，心智状态与脑状态之间的对应或相应（correspondence）关系必定存在。

问题 尽管存在心智状态 m 相应于或对应于脑状态 b 的广泛有力的归纳证据，但一个更进一步的问题并没有被回答，即心智状态 m 与脑状态 b 之间为何存在这种同一性？换言之，心智状态 m 与脑状态 b 之间这个似乎神秘的偶然（contingent）同一性事实上如何明显是必然的？

任务 鉴于上述问题，于是一个需要完成的任务就是，对这个获得广泛有力的归纳证据的假定——即，心智状态 m= 脑状态 b——给出一个先验的（*a priori*）解释性的理解。

策略 物理学告诉我们，如果任何一个同一性等式要成立，那么等式的两边必须代表同类事物，换言之，等式两边必须有相同的概念量纲。然而，如果心智术语与脑机制术语是明显不可通约的（incommensurable），比如像笛卡尔规定的两种实体，那么心智状态 m 的量纲（dimension）与脑状态 b 的量纲就不可能相同，于是“心智状态 m= 脑状态 b”这个假定的等式就不可能成立。为此，汉弗莱的思路和策略是：对等式两边都做出限制，即试着调整心智状态 m 的概念和脑状态 b 的概念，直到它们确实可通约和相一致；他提出用一个既适用于心智也适用于物质的双通（dual currency）概念来定义相关的心智状态和脑状态。为了做到这一点，汉弗莱求助于他提出的意识作为感觉或感受的演化理论。下面，我们来看看这个理论的梗概。

四、理论

汉弗莱在其2006年发表的《看见红色：一个意识研究》（*Seeing Red: A Study in Consciousness*）中谈到，当一个主体注视一块红色屏幕时，在这个主体身上会发生两个极为不同种类的事情，即在该主体这一刻的心智体验中存在两个成分：一个命题成分（*propositional component*）和一个现象成分（*phenomenal component*）。汉弗莱认为，命题成分是主体对所见事物的表征，它代表是认知内容，是指向事物的知觉；而现象成分则代表事物在主体身上引发的一种感受品质，即通常所说的感觉或感受质（qualia），它揭示了这个主体的在场。在每个活动中区分出感觉和知觉，这是汉弗莱从苏格兰常识学派的领袖里德（Thomas Reid）那里继承并做出进一步阐发的重要区分。里德曾说过："外部感官有双重职权——使我们感受，和使我们知觉。它们提供给我们各种各样的感觉，有些是愉快的，有些是痛苦的，还有一些是中性的；与此同时，它们也赋予我们一个外部对象的概念和一个存在的不可抗拒的信念。这个外部对象的概念是自然的杰作，与之相伴随的感觉也是。自然借助感官产生的这个概念和信念，我们称之为知觉。"汉弗莱借助对本书中描述的如下场景的分析很好地诠释这个区分：

> 我在这里，在一个夏日的午后，坐在我的书桌旁，手捧一杯热茶，透过窗户远眺乡村的花园，远处的声音在我耳中隆隆作响，一只蚂蚁（或其他什么东西）缓缓地爬到我的腿上。我的身体表面正

> 在被环境的刺激轰炸着。在某一层面上，就像一只原始的变形虫，我将这些刺激解释为直接影响我身体状态的事件：我喜欢一些也讨厌另一些，同时我的喜欢与不喜欢有巨大差别。在这一层面，我处在自己直接和间接感觉的私人世界的中心。在另一个层面上，我正将相同的表面刺激解释为信号，它指示外部世界的状态：我看见盛开的花，我听到雷声，我闻到薰衣草的芳香，我认为它是一只蚂蚁，通过太阳的高度我能够辨别出时间。在这第二个层面，我是这个独立物理现象的一个公共世界（现在不是我的世界）的旁观者。

在汉弗莱看来，在上述浑然一体的心智状态中，我们其实可以区分出两种成分和功能：感觉和知觉，其中感觉揭示了“在我身上发生了什么”，而知觉则揭示了“在外界发生了什么”。

这个区分是引导汉弗莱在本书发展演化模型的根本线索。汉弗莱沿着这个线索展开的证据和论证我们在此不加赘述，但为了回应上面的他所采用的策略，我们在这里只表述一下他的结论性观点。汉弗莱认为，在最初的生物机体上，感觉与知觉没有分化，它们共存于有机体对刺激做出的反应中——这个反应既是感觉也是知觉：如果有机体想要存活，就必须发展出一种能力，以区分好的刺激与坏的刺激，给予它们不同的反应。不同的反应表明了不同的感觉，同时不同的反应也表明对刺激的不同分类，而最初的分类就是知觉，就是认知。最初，感应区和反应区没有分化，生命模式是：刺激 → 反应；接着，感觉器官开始分化，反应器官也开始分化，神经节出现，表征出现，于是生命模式是：刺激 → 表征 → 反应；之后，意识出现了，有机体可以通过操控表征来安排反应，反应内化了，身体反应开始延迟。从生命的角度看，汉弗莱认为，感觉的第一个功能是（并且依然是）调节对发生在身体表面的刺激的一个情感反应。

对于上述等式的心智一侧而言，汉弗莱的感觉演化模型表明创造一个感觉在许多方面都类似于创造一个身体表达；而对脑一侧而言，生命演化的历史表明感觉是一种一度是身体表达活动的后裔，尽管在人类水平上脑一侧的活动如今已虚拟化和私化了，只会向一个拟似的（as-if）身体发话，但在汉弗莱看来有充分的理由认为，它的特征（即它的量纲）跟从前没有两样。这就是汉弗莱最终的解决方案。

最后，我介绍一下本书的翻译情况。张静（联合培养博士生，浙江大学哲学系 / 语言与认知研究中心、荷兰莱顿大学心理系 / 认知与脑研究所）翻译了初稿。之后，李恒威（哲学博士、教授，浙江大学哲学系科学与社会发展研究所 / 语言与认知研究中心 / 意识科学与东方传统研究中心）对初译稿进行了一遍逐字逐句的译校，并在译校稿的基础上又进行了一遍全面细致的审读。作为本书翻译最后的译校者，我愿意就译文的错讹之处恭敬地接受读者的批评和指正。

本书的翻译获得国家社科规划基金项目“意识的第一人称方法论研究”（14BZX024）、教育部哲学社会科学研究重大课题攻关项目“认知哲学研究”（13JZD004）、国家社科基金重大项目“基于逻辑视域的认知研究”（11&ZD088）、国家社科基金重大项目“认知科学对当代哲学的挑战——心灵与认知科学重大理论问题研究”（11&ZD187）的资助，对此我们深表感谢。

李恒威

2015 年 5 月 5 日

图书在版编目（CIP）数据

一个心智的历史：意识的起源和演化 /（英）汉弗莱著；李恒威，张静译．—杭州：浙江大学出版社，2015.10

书名原文：A History of the Mind: Evolution and the Birth of Consciousness

ISBN 978-7-308-15184-9

Ⅰ.①一… Ⅱ.①汉… ②李… ③张… Ⅲ.①意识－研究 Ⅳ.①B842.7

中国版本图书馆CIP数据核字(2015)第232489号

一个心智的历史：意识的起源和演化

[英] 尼古拉斯·汉弗莱 著　李恒威　张静 译

责任编辑　杨苏晓
文字编辑　王　军
营销编辑　李嘉慧
责任校对　周元君
装帧设计　王小阳
出版发行　浙江大学出版社
（杭州天目山路148号　邮政编码310007）
（网址：http:// www.zjupress.com）
排　　版　北京大观世纪文化传媒有限公司
印　　刷　北京天宇万达印刷有限公司
开　　本　635mm × 965mm　1/16
印　　张　15.5
字　　数　215千
版 印 次　2015年10月第1版　2015年10月第1次印刷
书　　号　ISBN 978-7-308-15184-9
定　　价　45.00元

浙江省版权局著作权合同登记图字：11-2015-202 号